普通人与精英的差距，在于思考和解决问题的方式。

受益一生的
世界顶级思维

the worlds top thinking for a lifetime

墨羽◎著

中国商业出版社

图书在版编目（CIP）数据

受益一生的世界顶级思维 / 墨羽著 . -- 北京 : 中国商业出版社, 2018.12

ISBN 978-7-5208-0181-2

Ⅰ . ①受… Ⅱ . ①墨… Ⅲ . ①思维方法–通俗读物 Ⅳ . ①B80-49

中国版本图书馆 CIP 数据核字 (2018) 第 016352 号

责任编辑：姜丽君

中国商业出版社出版发行

（100053 北京广安门内报国寺1 号）

010-63180647 www.c-cbook.com

新华书店经销

三河市三佳印刷装订有限公司印刷

*

710×1000毫米　1/16开　16印张　250 千字

2019年4月第1版　2019年4月第1次印刷

定价：39.80元

* * * *

| 序言 |

思维决定行为，行为决定习惯，习惯决定性格，性格决定命运。思维模式是我们如何认识、理解周围的世界，是行为背后深藏的原因。你拥有什么样的思维模式，就拥有什么样的人生和命运。

大多数人都不曾意识到，那些人生困惑背后，往往藏着一堵堵思维的墙，把我们与美好的生活隔开了。提升认知层次，拆掉思维的墙，你就能在工作、生活中豁然开朗，收获自信、快乐和成功。

一片宏伟的办公楼群竣工了，负责园林管理工作的人找到建筑设计师，问："人行道应该铺在哪里呢？"

"把大楼之间的空地种上草。"建筑师给出了这样的回答。园林师还想问，建筑师转身离开了。

不久，楼群之间的土地上长出了小草。每天来这里上下班的人很多，草地上踩出了许多小径。走的人多，小径就宽；走的人少，小径就窄。远远看去，这些羊肠小道非常好看。

接着，建筑师找到园林管理人员，让他们沿着这些踩出来的痕迹铺设人行道。这是从未有过的优美设计，最大程度上满足了行人的需要。

在过去社会环境相当稳定的时代，单凭知识、技术就可以应付一切了。可是，当外界环境如此多变，每个人所需要的思考与应变能力远超想象，这个时代需要的不仅是新鲜的知识和技术，更重要的是高效的思维能力。

事实上，聪明人和普通人之间的根本区别不在于知识多少、阅历深浅，而在于思维方式的差异。像聪明人一样思考和行动，建立强大的思维优势和行为模式，才能看清复杂世界背后的真相，更深刻地认识人性和社会的本质，从而全面掌控自己的人生。

时代与科技日新月异，改变了人们的思维方式。各种理念层出不穷，所谓的智者也难免陷入思维的怪圈。面对千篇一律的答案，不知思考为何物，说明你真的需要重建自由思考的能力了。

千百年来，许多智者贡献了大量知识、理念、方法和技巧，可以帮我们认识自己，了解他人。本书汇集了爱因斯坦、巴菲特、比尔·盖茨、乔布斯、丘吉尔、马云等世界精英推崇的思维方式，帮助广大读者有效地避开各种潜在的误区与陷阱，从而更高效地工作，更幸福地生活。

每个人身上都有获得巨大成功的潜能，而阻挡你梦想成真的障碍是错误的思维习惯与逻辑分析能力，最终对眼前的人和事失去了正确的认知。本书彻底颠覆你的思维方式，帮你在家庭、社交、职场、谈判、管理中获得真相，进而采取正确行动，成为人生赢家。

| 目录 |

第03章　博弈思维 | 身陷局中，弱者如何胜出/ 027

世界就是一盘棋，无论做什么都要与人进行博弈。如果你想赢，必须谙熟无所不在的博弈策略，从而避开不利条件，选择最优的行动计划，实现我方效用最大化。

第04章　迭代思维 | 为人生赋能，永远无惧变化/ 043

技术不断突破、产品不断创新、商业模式不断变革，每个人、每个企业都会面临淘汰。如何走出人生迷茫、执行焦虑？迭代思维帮你在变化中取胜，抓住成功的机会。

第05章　知识思维 | 让见识成为你最大的底气/ 057

21 世纪是一个信息爆炸的时代，也是知识更新速度越来越快的时代。只有优化知识结构、挖掘知识价值，你才能看见更远的未来，在竞争中掌握主动权。

为什么你懂得很多道理，却依然过不好这一生？并非你不够努力，也不是怀才不遇，而是你的格局装不下梦想。思路决定出路，格局决定结局。无论从事什么行业，无论在任何时刻，获取竞争优势的关键是拥有超人的格局思维。

提到“推理”，几乎每个人都会想到大名鼎鼎的福尔摩斯。然而，真实的逻辑推理并非神秘莫测，更多情况下是根据几个已知的条件，经过层层推理，最后还原真相。推理是对人类逻辑思维研究和利用的过程，看看侦探专家的推理故事，你会豁然开朗。

第08章　逆商思维 | 有效应对生活中的坏事件/ 105

一切苦厄，皆含深意。唯一的差别是，有人趟了过去，有人却留在原地。生命中的各种不如意，都是为了让我们变得更强大。身处困境并不可怕，可怕的是在困境中失去前进的信念。

第09章　社群思维 | 连接是一切价值的源头/ 119

社群思维作为一种人性化生存法则，其思维方式关乎人类的生存和价值观。进入互联网时代，通过有效社群点燃用户，引爆产品传播，已经成为一种趋势。“成功，不在于你知道什么或做什么，而在于你认识谁。”这句话在今天仍然没过时。

不管你多么聪明，多么优秀，总是无法避免出错。“人非圣贤，孰能无过”，错误是这个世界的一部分，坦然接受它，并尝试着减少出错的概率，才能收获更大的成功。

你还在因为盲从而走进一条条死胡同吗？你还在被传统思维模式束缚，丧失独立思考的能力吗？批判性思维，让你正确思考人生，不再因“无知”走弯路。

第12章　结构思维 I 以架构的思维看世界/ 161

万丈高楼平地起,搞清楚“结构”再行动至关重要。如果想迅速找到“核心”“关键点”，如果想条理清晰、工作轻松，从今天起，提升你的结构思维吧!

第13章　财富思维 I 有钱人和你想的不一样/ 175

为什么有的人注定成功，有的人一辈子为钱辛苦奔忙？一切都与你的财富思维密切相关。从现在开始，回顾自己的成长背景和金钱观，分析各种与致富有关的内在思维，彻底修改自己的“金钱蓝图”，才能朝着更好的财务状况迈进。

第14章 创新思维丨让工作更具创意的简单方法/ 195

像驴子一样埋着头拉磨，即使再勤劳也不过是一头勤劳的驴子。努力很重要，但是努力的方向更重要。用创新思维解决问题，会让工作和生活更精彩。

第15章 幽默思维丨没有无聊的人生，只有无趣的活法/ 207

一个人最糟糕的处境不是贫穷，不是疾病，更不是失恋，而是逐渐被生活磨成一个无趣的人，自己却浑然不觉，依旧过着乏善可陈的日子，聊着经年不变的话题。多一点儿幽默思维，才能不被生活磨灭初心，始终做一个有趣的人，让自己快乐地活着。

第16章 生活思维丨幸福的人生需要断舍离/ 221

人生的种种苦恼，总是混杂在我们对情感、利益、关系和物品的执着中。幸福的人生离不开独立思考的能力，想清楚现在的自己最需要什么，最适合过怎样的生活，然后通过实践断舍离——清空杂念、斩断非分之想、扔掉多余的物品，就容易享受自由舒适的生活。

第01章　破壁思维

别沦为“安全感”的奴隶

你还蜷缩在内心的安全区域吗？停留在“舒适区”固然很舒服，但也意味着我们不再进步。从今天起，别再做“安全感”的奴隶，勇于突破自我会有更多收获。

别再贪恋“舒适区”

何为“舒适区”？它是一个你再熟悉不过的套路和生活模式。每个人都有自己的心理舒适区，它是难以改变的习惯，或者不愿变化的状态，也可以是习以为常的嗜好。

有一个农户养了一只羊，这只羊非常强壮，把羊圈拱坏了。随后，农户垒了一个更结实的羊圈，不久又被拱坏了。最后在其他村民的建议下，这个农户在羊圈的周围拉了一个电网。

那头羊又开始拱羊圈，但是碰到电网立刻缩回来。等了一会儿，它又拱又被电了回去。连续几次后，羊再也不敢碰那个电网了。从此，这只羊再也不敢乱拱，不敢往外跑了。后来，农户把电闸关掉，这只羊也不敢再去触碰电网。

与其说这只羊放弃逃跑是因为惧怕电网，不如说是电网让它形成了惯性思维，即使断电以后，它依然觉得那个铁丝网不能触碰。在羊的认知里，羊圈的范围成了“舒适区”，住在里面很安全，所以它再也不跑了，也不想跑了。

生活中，大多数人都是那只“羊”，停留在自己的“舒适区”，不愿意改变。然而，如果你想有所作为，必须勇于做出改变，虽然第一步异常艰难，甚至需要你付出代价。

研究表明，人与人之间的心理舒适区存在极大的差异。对有的人来说，与紧张的工作环境相比，温馨怡人的家庭空间是他们的“舒适区”；而对另外一些人，持续的有条不紊的工作才是心灵安定的源泉，工作是“痛”并快乐的，解决工作中的问题是他们的“舒适区”。

不管差异如何，舒适区都表现出正面和负面两种作用。

从正面来看，舒适区首先是一种认知模式，能帮助人们维护自我形象，建立心理防御屏障，起到避风港的作用。其次，舒适区是自我调节器，有稳定情绪的作用。第三，舒适区决定了人对外界信息的接纳度。

从负面来看，沉溺于“舒适区”的人往往不思进取、故步自封。在日常行为上，主要表现为懒惰、松懈、倦怠和保守。久而久之，他们会感到迷茫和无助。因为对现状满意度高，生活在舒适区的人既没有强烈的改变欲望，也不会主动努力，觉察不到任何真正的压力。他们缺乏应有的危机感，甚至产生自我麻痹的心理。

逃离舒适区需要付出努力，而沉迷舒适区也会付出代价。许多人意识不到这一点，往往在醒悟之后痛心疾首。

19 世纪末，美国康奈尔大学科学家做过一个“温水煮青蛙实验”。科学家将青蛙投入已经煮沸的开水中，青蛙因受不了突入其来的高温刺激，立即奋力从开水中跳出来，最后成功逃生。当科研人员把青蛙先放入装着冷水的容器中，然后再加热，结果就不一样了。开始的时候，青蛙会因为水温的舒适而悠然自得；后来，当它发现无法忍受高温时，已经心有余而力不足，不知不觉在热水中丧失了行动力。

显然，一个人留在舒适区的时间越长，难以改变的惰性越大。当你太久没有做出改变，会丧失立即行动的能力和自信。反之，如果你持续追求新的目标，则会越来越愿意尝试做出各种各样的改变。

【顶级思维模式】

那些热衷变革的人，或者心理承受力强的人，习惯逃离眼前的舒适区，发现更广阔的世界，寻求更多的机会。而对世界的变化秉持戒备态度的人，大多思想僵化，或者心理承受力差，他们贪图眼前的舒适区，丧失了自我成长和发展的机会。

努力扩展你的思维疆域

生活如同一条河流，有时候我们感觉自己陷入了困惑，是因为在思想源头上出现了问题。如果不能对思维有一些基本的认识，就很难有效地认识自己。因此，有必要正确认识思维的科学内涵。

思维是“在表象、概念的基础上进行分析、综合、判断、推理等认识活动的过程”。通常，我们感受到了事物 X 并形成事物 X 的印象 Y。或者说，思维建立了事物 X 和印象 Y 的（因果）联系。

例如，看到雨后树林，不同人会产生迥异的思维。对北方人来说，那是春天难得的雨后清新；对南方人来说，那也许就梅雨季节的回忆。

显然，思维处理信息的过程是结合我们已有的经验，通过再现形成对事物的认识。而正是这种结合经验性的认识，造成了人们思维疆域的局限性。

一位心理学家曾经说过，“我们通常只看到自己想看到的事物，只能听到自己想听到事物。”可见，一个人的经验所导致的成见，极大地桎梏了思维，造成了认知上的偏狭。许多时候，“思维所感受到的”是“事实”的一部分，并不是全部“事实”，而且这部分还不一定正确。因此，科学、全面地认识事物需要意识到感知的局限性。

在一条狭窄的山路上，一个货车司机正在爬坡。已经开了 3 个小时，他有点昏昏欲睡。快到坡顶的时候，迎面来了一辆车，车上的司机伸出头，对他大喊一声：“猪！”“呜”的一声，两车擦肩而过。

货车司机一下子清醒了，马上伸出头，冲着车的背影大声骂道：“你才是猪！你是世界上最大的蠢猪！”他得意地回过头，猛然发现前面是下坡路，路上有一群猪。结果，他刹车不及时，掉到沟里去了。

在上面的故事中，货车司机的大脑运转着一套特定的程序。当他接收到“猪”这个信息的时候，头脑中立刻构建出来一个“对面司机骂我是猪”的世界，于是他勃然大怒，立刻辱骂对方。结果，货车司机形成了错误的认知，失去了躲避危险的机会。

其实，对面的司机是在提醒“小心前面的猪”，货车司机理解失误，给自己造成了不可挽回的损失，因为他的大脑构造了一个错误的世界模型。毫无疑问，这个错误的世界模型就是思维里的墙。

虽然我们同在一个世界，但是看到的世界完全不一样，进而造成人们在决策、行动等方面形成很大差异，带来迥异的结果。意识到思维这堵墙存在以后，我们就应该主动拆掉它，重新思考自己看世界的方式，不断扩展自己的思维疆域。

思维疆域为什么会存在呢？这堵墙存在的价值，就是为了获取安全感，表现为生活上的安全感、工作上的安全感、爱情上的安全感等。安全感是自我给予的，如果试图从外界获取，最终将被恐惧摧毁。

一位哲人曾经说过，“世界是你眼里的世界，改变自己的眼界，你就改变了整个世界。”科技不断发展，固化的认知方式难以适应社会的发展。我们唯一能做的是扩展自己的眼界，多听、多看、多问，努力跟上时代前进的脚步。

【顶级思维模式】

克雷洛夫说：“现实是此岸，理想是彼岸，中间隔着湍急的河流，行动则是架在川上的桥梁。”没有行动，万事难成，如果你想拆掉思维这堵墙，请积极行动起来，以乐观、接纳的心态重新认识这个世界，破除对事物、对他人的成见。

走出自我设限的人生

在昆虫世界里，跳蚤也许是最擅长弹跳的动物了，它跳跃的高度可以达到自己身高的100倍。然而，一旦受到外界条件限制，跳蚤的弹跳能力就会急剧萎缩。为此，科学家做了一个实验。

普通跳蚤一般可以跳30多厘米，把5只跳蚤分别放在高度为10厘米、15厘米、20厘米、25厘米、40厘米的透明玻璃罩内。这样喂养几天之后，拿去玻璃罩，会出现这样的结果：10厘米玻璃罩内的跳蚤已跳不过10厘米，15厘米玻璃罩内的跳蚤已跳不过15厘米，20厘米玻璃罩内的跳蚤已跳不过20厘米，25厘米玻璃罩内的跳蚤已跳不过25厘米，只有40厘米玻璃罩内的跳蚤才保持了跳跃30多厘米的正常水平。

由此，科学家得出结论：具备同样跳跃能力的跳蚤受到外界条件限制，为了适应环境会自动对自己的生理技能进行修正，于是那些特殊才能受到抑制，不再成为一种生存优势。并且，即使外界环境中的制约因素消失，它们的特殊才能也无法再显现出来。不过，它们的后代仍能显示这些特殊才能。

显然，跳蚤的内部基因组成并没有发生质的变化，变化的只是它们心理上多了特定的自我限制。人们把跳蚤这种受到外界环境限制，出现的能力受限或消失的现象，称为“自我限制效应”。

生活中，不但昆虫存在自我限制的情况，人类同样也具有这种自我限制效应。“我不可以”、“不能够”充斥在我们的生活中，结果许多人隐藏了个人潜能，每天过着“跳蚤人生”。

年轻时意气风发，屡次尝试追求成功，但是往往事与愿违。几次失败以后，他们便开始抱怨这个世界的不公平，或者怀疑自己的能力。然后，他们放弃继续追求成功的努力，一再降低成功的标准，即使原有的一切限制已取消。不再大胆追求成功，而是甘愿忍受失败者的生活，这种选择令人叹息。

一番努力之后，如果没有获得期望中的回报，人们会选择安逸的日子，停留在自己的“舒适区”。工作、生活原地踏步，不追求更高的奋斗目标，也不敢尝试做出改变。在内心深处，这些人已经默认了一个“高度”，他们不断暗示自己：成功是不可能的，停留于舒适的地带就可以了。

毫无疑问，如果无法逾越心理高度，打破自我设限的习惯，我们注定会在原地困守一辈子。这样的日子虽然安逸，却少了奋斗的激情、成功的惊喜。如果想有更大的作为，尝试不一样的人生，必须大胆走出自我设限的人生。

首先，转变观念，大胆做出改变。打破自己的思维定式，才会重新思考人生。过去并不等于未来，成功就在下一次，勇敢翻越思想的藩篱，才能在行动上突破自我。

其次，学会积极地心理暗示，做一个乐观的人。成功学大师拿破仑·希尔说：“积极的心态是保持心灵的健康，它能吸引财富、成功、快乐，远离一切疾病。消极的心态让心灵堆满垃圾，不仅排斥财富、成功、快乐和健康，甚至会夺走生活中已有的一切。”

【顶级思维模式】

艾莉诺·罗斯福说：“未经你的同意，没有人能使你感觉卑微。”人生所能到达的高度，就是人在心理上为自己设定的高度。假如你认为自己是一个平凡的人，那你的一生就注定平平淡淡；假如你认为自己是一个出类拔萃的人，那么你一定可以取得非凡的成绩。

请保持一颗“好奇心”

提到“好奇心”，人们经常将这个词与孩子联系在一起。身处大千世界，一切都值得我们去探求、发现，好奇心是人生力量之源。不必在意世界的规则，保持纯真与执着，那是我们与世界最初的相处方式。

然而随着年龄增长，好奇心会一点点丢失，成人世界里很少有人以好奇心为荣。人们经常听到的劝诫是：“做好眼前的事，差不多就行了，想那么多干吗？”于是，你在外界的压力下循规蹈矩，被动接受这个世界的评价系统；你要合群，按部就班做世俗认可的事情，追逐世人眼中的幸福与成功，否则会被贴上奇葩、异类的标签，遭到排挤和嘲笑。

为何有的人活得热情全无、把人生过得千篇一律，却仍然有一种莫名的优越感？他们过得并不幸福，重复着枯燥的生活……却理直气壮地指责那些有梦想，并为之拼搏努力的人。其实，他们的优越感一部分来自大多数人遵从的安全感，一部分是虚张声势的自欺欺人。在内心深处，他们对现状充满了焦虑和惶恐，对自己感到无能为力。

别人有勇气活成自己想要的样子，而有的人挣脱不了现实的泥淖，害怕冒险和失败，便越发洋洋自得地守着眼前的井口，取笑天上翱翔的雄鹰。

人和动物天生就有好奇心，对新鲜事物感到莫名的渴望，随着准备着一探究竟。拥有好奇心的人对身边的人和事始终保持着热情。居里夫人说：“好奇心是学者的第一美德。”科学家保持一颗好奇心，探索未知领域。在取得成果之前，他们的工作很枯燥，但是在好奇心的驱使下很享受这种探索的过程，甚至乐此不疲。

许多伟大的科学家、艺术家都是充满好奇心的人。牛顿对坠落的苹果产生好奇，于是发现了万有引力；瓦特对烧水壶上冒出的蒸汽十分好奇，最后改良了蒸汽机；伽利略看吊灯摇晃而产生好奇心，发现了单摆。

好奇心是人们学习的内在动机，是寻求知识的动力，也是一个人拥有创造性的重要体现。一般来说，好奇心越重，人的潜能越容易发挥出来，生存能力也越强。

然而，人们也经常说"好奇心杀死猫"，对赌博、吸毒等不良生活方式请勿尝试。它们不仅危害个人身心健康，还会让人倾家荡产，危害到生命安全。总之，保持好奇心需要对新生事物持开放的态度——乐于了解新技术、前沿思想，但是一定要在合理、合法的范围之内。

那么，如何保持好奇心呢？一个简单的方法是不断地提问，比如"杯子为什么是圆的"、"为什么杯子要做成透明的"、"为什么大家喜欢陶瓷杯"、"为什么杯子要做这么大"、"为什么杯子这么高"、"为什么杯子不能做厚一点"，等等。

打开好奇心的大门，离不开兴趣。只有不断开拓自己的视野，不断增加新的兴趣点，对知识充满渴望和诉求，才能对身边的人和事充满探索欲，产生浓厚的兴趣。

此外，不断提高自我，不停地往前走，到达新的人生高度，极大地提升视野、格局，也有助于增强开拓意识，不但实现人生突破。好奇、学习、提高、发现……生命不息，奋斗不止，你会一直保持一颗年轻旺盛的心，让人生充满了力量。

【顶级思维模式】

不断尝试新事物，保持一颗好奇心，用孩子的眼光看待这个世界，你的学习、生活和工作会充满乐趣。拥有好奇心的人，更容易对身边的人和事充满热情，让生命更加多姿多彩。

别让“映射”操纵你的人生

一位学生愁云满面地对自己的导师说：“老师，我最近很纠结。”

老师问道：“为什么？”

“有人说我是天才，日后必将大有作为；有人说我是名副其实的蠢材，将来不会有什么作为。老师，您说我到底是天才还是蠢材呢？”

“你认为自己是天才还是蠢材呢？”老师问道。

“我也有些迷惑了。”学生一脸茫然。

老师语重心长地说：“如果你对自己都感到迷惑，那么我就更无从判断了。不过可以肯定的是，无论别人怎么评价你，你永远是本来的样子。如果你的发展完全取决于别人对你的评价，没有自己的人生规划，那么你就是一个傀儡，不会取得任何成就。”

随后，老师谈起了自己早年的一段经历。

上小学的时候，有一次他考了第一，得到了老师赠送的一本世界地图。他很开心，整天捧着地图研究。一天，父亲让他帮忙拔草。他一边拔草，一边研究地图，结果把庄稼和草一起拔掉了。

父亲大怒，训斥道：“整天捧着地图研究什么？”他委屈地说：“我在看埃及在哪儿，等我长大了一定要去埃及。”父亲听完更生气了，说道：“什么？你还想去埃及？别做梦了，你这辈子都不可能去那里！”

当时，他并不服气，心想：“父亲怎么会给我下这么奇怪的定论呢？难道我这一生真的没有能力去埃及吗？”二十年后，他第一次出国就选择了埃及。很多人对此表示疑惑，他说：“因为我的人生不能被别人设定。”

我们每天都要接触很多人，包括父母、同学、陌生人等，他们的言行和思维或多或少都会影响到你。但是，你的生命要靠自己雕琢，不能让别人设计。那些人生由别人设计，并且照着别人的设定生活的人，大多碌碌无为，只有对人生充满想象的人，才能不断超越自己。

很多人羡慕那些衔着金汤勺出生的人，一出生就被父母安排好一切，按照既定的步骤安稳地前进，不用自己拼搏，不用历经风雨，但这真的是一种幸运吗？其实，将自己的人生完全交给别人安排，并不值得羡慕，因为你无法依靠他人一辈子。

让别人操控自己的人生，会彻底失去自由。无论别人能够帮你多少，最终上路的还是你自己。那么，如何避免"映射"影响自己的人生呢？

第一，排除杂念，秉持坚定的信念。

无论是凡夫俗子还是盖世英雄，总有遭人批评的时候。事实上，一个人越成功，随之而来的非议也会越多。此时，真正勇敢的人会排除杂念、秉持信念，勇往直前。

沉下心来做好一件事，永远按照既定的原则行事，才能逐步接近成功的目标，成就非凡的人生。

第二，敢于冒险，突破自我。

世界到处是机遇，也到处是风险，想要活出不一样的人生，必须具备随时迎接挑战的心理素质。无论眼前的境遇多么糟糕，都不必忧虑，大不了从头再来。生活中没有那么多值得畏惧、担忧的事情，情商高的人勇于抗争到底。

【顶级思维模式】

每个人都要对自己的人生负责。如果你活在他人的"映射"中，那么请及时苏醒吧！自己设计自己的人生，才不负美好年华。

如何克服思维惰性

本来昨天就应该完成的工作，结果犯懒拖到了今天；早就打算去探望国外的亲戚，可总不能顺利成行；上周末就该大扫除，结果都到这周末了，依然不想做……几乎人人都有过类似的拖延经历，其实，这是“思维惰性”在作祟。

懒惰是人性的组成部分，在潜意识里，人都是好逸恶劳的，表现出来就是各种各样的拖延症。从心理学角度来讲，拖延往往会让人背上沉重的心理负担：悔恨、愧疚、压力、烦躁、不安……如果想远离这种糟糕的状态，就必须战胜思维惰性，养成主动行动的好习惯。

杰克在周一上班的路上，就做好了一天的工作规划：上午做月度总结，下午草拟下个月的财务预算。

9 点，他准时到达办公室，打开电脑登录社交软件，自动弹出的新闻中有一条很有趣的消息，他情不自禁地点开阅读，不知不觉就看了 20 分钟。好不容易要开始写月度总结了，却发现办公桌上堆满了文件，杂乱无序的办公桌十分影响心情，于是他又花了十几分钟收拾桌面。

月度总结好不容易开了头，一个投诉电话打过来，杰克又放下手头的工作开始处理投诉。等处理完投诉已经 11 点多，马上要吃午饭了，他想反正月度总结也写不完，索性看看网页……

结果一整天过去了，早上计划做的工作还处在搁置状态中，只能等第二天上班再做了。

其实，杰克的工作状态是很多职场人的真实写照。拖延已经成了当今职场人的通病，而克服拖延却十分困难。

如果想战胜心理惰性，彻底摆脱拖延症，必须先了解造成拖延的因素。相关研究者认为，最可能引起拖延的心理成因有四点：对成功信心不足、讨厌被他人委派任务、注意力分散且容易冲动、目标与实际的酬劳差距太大。

那么，怎样才能远离“拖延”，养成积极主动的行为习惯呢？

第一，坚决不逃避。

随着移动互联网、智能手机、平板电脑等快速普及，人们消遣方式越来越多，越来越方便。当遇到难以解决的问题，面对枯燥无味的工作时，人们常常会本能地选择逃避，而网络所提供的各种娱乐，就成了人们躲避的“乐园”。

逃避不能解决问题，只会让问题更严重，所以不管面对怎样的困难和挫折，都要勇敢面对，要用强大的意志力战胜惰性，戒除拖延。

第二，要立即行动起来。

如果人总是处于空想或思虑状态，那么自然会变成“思想上的巨人，行动上的矮子”。在现实生活中，空想与拖延往往是一对双生姐妹花，如果做事总是瞻前顾后，前怕狼后怕虎，那么行动难免拖拖拉拉。

提高行动力是战胜思维惰性的一个有效办法，我们不妨有意识地强化“行动”观念，以免被毫无根据的“空想”、“幻想”阻碍行动。

第三，要培养探险意识。

“好奇心”是人们行动最原始的驱动力，我们要保持对新鲜事物的好奇心，有意识地培养勇敢、无畏的探险意识。为此可以有针对性地参加诸如跳伞、蹦极、攀岩等有探险性质的活动，这有助于我们养成“迎难而上”的行动习惯，对克服思维惰性，改变固化思维有很大帮助。

【顶级思维模式】

莎士比亚说，“放弃时间的人，时间也会放弃他”。如果不能战胜思维惰性，那么等待你的将是无休止的拖延和没有止境的恶性循环。从今天开始，告别得过且过的拖延生活，积极行动起来才能改变现状。

第02章　故事思维

会讲故事的人掌控一切

爱听故事是人类的天性。无论在什么场合，故事总是胜于雄辩，情感总是胜于逻辑。获取影响力的最佳方式就是讲好一个故事。

讲故事让你更有影响力

几千年来，人类一直用故事、传奇、神话和寓言传承精深的智慧。借助生动的故事，听众在脑海中绘出一个个丰富的形象，学会了做人做事的道理。

提到讲故事，你的脑海里是不是立刻浮现出善于制造高潮气氛的大师——苹果公司总裁乔布斯站在演讲台上，用散漫、随意、略带调皮的话语对台下数千名苹果粉丝实施“催眠”？的确，这位讲故事的高手让很多人见识了故事的独特魅力。

今天，讲故事这门古老的艺术不再局限于日常生活中，越来越多的商业领袖正在利用故事的魔力激发团队战斗力、领导一场又一场大刀阔斧的改革。

有一次，IBM 董事长沃森没有佩戴胸牌，结果被门卫拦住了。随后，沃森自觉取来胸牌，戴上它才进了公司的大门。显然，这位董事长在用自己的亲身经历向所有 IBM 人传递一个理念：所有人（即使是董事长）也必须遵守企业的规章制度。

在美国惠普公司，也有一个广泛流传的故事，即“惠利特与门”。这 天，惠普的创办人之一惠利特发现通往储藏室的门被锁上了，于是他把锁撬开，并在门上贴了一张写着便条：“此门永远不再上锁”。这个故事无疑向所有惠普人传达一个价值观：惠普是重视互信的企业。

在轻松愉快的氛围中，演说者借助故事能够取得潜移默化的宣传效果，在这个故事结束之后，该采取什么行动已经一清二楚。为什么厚厚的统计数据、枯燥乏味的说教分析令人厌倦，甚至遭人抵触，并不是我们的想法出了问题，而是我们选错了与他人沟通的方式。

讲故事是一件轻松的事情，既可以达到娱乐的效果，也能激发活力。通过故事，人们能够理清复杂问题，明白事理，进而改变认知。在沟通过程中，故事本身既没有对抗性，也不存在层级制度，容易让听故事的人融入其中，付出真挚的情感。

虽然讲故事的能力日益受到重视，但是在过去很长一段时间里，人们对讲故事的评价并不高。柏拉图在《理想国》中认为，诗人和讲故事的人是危险人物，认为他们把不可靠的知识灌输到儿童的头脑中，因此应受到严格审查。此后几千年来，人们对讲故事这种形式一直争议不断。

显然，个体的价值与潜能不断受到重视，讲故事成为激发个体能量的重要手段。演说者与观众互动的过程中，通过讲故事可以有效将观众的视角融入到生动有趣的情境中，引导他们在组织和现实的层面形成全新的价值观，从而接收特定的信念。

故事的强大影响力在于，如果观众有动机主动思考故事的意义，他们的头脑就一直向前走。在演说者的引导下，听众会扩展相同的想法，产生强烈的心理共鸣，从而有效提升团队的执行力，或者有效激发组织变革。

每一次进入故事语言的神奇世界，听众在观念、价值观等方面就会得到扩展，并由此获得一种新的认知方式。在这个过程中，观众理解了主旨，集体意识得以迸发，心中形成了共同的愿景。

【顶级思维模式】

讲故事能深入每个人的心灵，影响他们如何思考、忧虑、迷惑、痛苦以及如何对人生进行规划，并在这个过程中影响他们创造性工作或重塑组织。

如何讲好一个故事

为什么人们热衷于看 iPhone 的发布会，听乔布斯的演讲？究其原因，是乔布斯会讲故事，而且讲得非常好。

毫无疑问，在网络时代讲故事是一项重要能力。故事不仅是一种沟通方式，也是一种思维方式。在故事的帮助下，我们可以更有效地激发、说服和影响他人，从而解决问题，实现目标。它适用于各个领域，比如日常网络社交、工作场所管理、市场营销等。

很多人都有这样的经历，你试图说服别人，用长时间的话语来压制对方，从而证明自己是对的，结果往往事与愿违。你干涩地讲道理，对方不愿意听，或者只听却不思考，沟通的效果大打折扣。但是，用讲故事的方式就不一样了，瞬间能拉近彼此的距离，快速建立信任关系。

人类在十分漫长的演化过程中，主要依靠有限的个人生活经验和倾听他人的故事学习知识、了解世界。听故事和讲道理相比，更符合大脑接收信息的模式和习惯，也更能满足人们的认知和情感体验，从而更容易找到生命的意义。

那么，如何讲好一个故事呢？怎样通过讲故事实现心中所愿呢？

第一，保持积极的生活态度。

事实上，讲一个好故事并不难，关键是成为一个热爱生活的人，始终保持积极乐观的心境。人生的未来掌握在自己手中，故事只是你对生活的理解和感悟，最重要的是保持正能量，发现生活的动人之处，进而影响更多的人。

第二，从生活中发掘故事素材。

故事来源于生活，而好故事是一种生活化的艺术表现形式。故事生动形象，让人们在平淡的日子里感受到人生的美好、生命的价值。平常多读书、多观察、多思考，积累故事素材，关键时刻就能派上用场。另外，在创作故事的过程中，可以用生活的形象进行创造，从而增强故事的魅力。

第三，保持一定的阅读量。

能讲故事的人有一个共同的特点：热爱读书，喜欢分享。如果你想讲述一个十分精彩的故事，必须有一定的阅读量。见多识广的人更能发现故事的精彩与动人之处，然后娓娓道来，分享故事中蕴含的哲理与智慧。如果你想成为一个会讲故事的人，一定要加大阅读量，有大量的故事作为基础，即使没有什么可说的，心里也会有现成的储备。

第四，善于通过讲故事解决问题。

讲故事是一种实用的技能，它可以简化许多难题，减轻他人和自己的尴尬。换句话说，故事不仅是一种有效的交流方式，而且是一种改善生活的技巧。许多人已经发现了故事的独特魅力，把讲故事作为一项能力，应对未来世界的变化。

【顶级思维模式】

学习讲故事需要从你的生活中寻找、选择素材，这里面包含了你的经验和常识。此外，讲故事的人需要根据不同的情境灵活变通叙述的方式，从而取得圆满的效果。

故事思维是一项优秀技能

不同于理性思维，故事思维十分强调情感。通常，人们厌恶冷冰冰的数据和说教，喜欢生动有趣的故事，因为后者更有人情味儿，能够直抵人心。

比如劝诫酗酒的人，最直接的方法就是戒掉酒精。但是，生硬的讲道理不容易让人接受，因此这种方法的成功率很低。如果给酗酒者分享亲身经历，用讲故事的形式打动人心，往往能取得良好的劝说效果。

故事思维是一项优秀技能，借助丰富的想象力，我们可以吸引他人的注意力，在社交中活跃场面，引导众人的情绪。培养故事思维，需要熟练掌握下面这6个原则。

第一，从整体上掌握情节和篇幅。

故事必须包含完整的情节，否则只是一个故事概要或梗概，无法吸引听众的注意力。实际上，故事的迷人之处就是扣人心弦、紧张刺激的情节，如果缺少这些元素，讲故事就失去了应有的意义，无法引起听众的共鸣。

第二，用生动的细节俘获人心。

一个好的故事必须有一个或多个生动的细节。“细节决定成败”，完全适用于讲故事。会讲故事的人擅长用细节俘获人心，让观众通过脑补画面真正融入到故事中去。为此，讲故事的人必须掌握丰富的词汇、鲜明的演说技巧，刺激听众的感官。

第三，设置悬念，牵动听众的心。

悬念是最古老的讲故事技巧之一，它能牢牢把握观众和观众的注意力。为什么许多人喜爱传统评书，因为它出处设置悬念，让你的注意力一刻也不能离开。会讲故事的人懂得在关键之处设置悬念，让听众紧紧跟随，无形之中接收演说者的价值观、理念。

第四，为听众呈现丰富的画面感。

观众听故事的过程中，会在大脑中勾勒出相应的图画，进行丰富的联想。讲故事的人可以使用画面感比较强的词汇，或者影响力大的网络流行语，引导听众进行想象。

第五，一定在情感上引起听众共鸣。

达尔文说：“全世界人类表达感情的基础模式几乎都是一致的。”早在文字、符号甚至简单的口头语言产生之前，人类就已经熟练地运用一系列动作、表情传递情感。毫无疑问，情感是有温度的。讲故事的时候，博取听众的同情心，激发对失去美好事物、生活的恐惧感，用相同的经历引起共鸣，都可以有效说服观众。

第六，提炼和升华故事的理念。

经验表明，如果演讲者在故事结束后没有进行任何精炼和总结，也没有任何指导或暗示得出一些结论，总会觉得缺少什么。讲故事一定有特定的目的，需要传达一个真理，这就是讲故事的人需要提炼和升华的东西。

【顶级思维模式】

会讲故事的人更懂得如何与人沟通，并取得圆满的效果。任何时候，故事都是一个人对事物的主观诠释，包含特定的价值观与人生理念。故事思维可以引导我们真诚、有效地与听众达成共识和建立信任，从而完成一次学习和分享之旅。

没实力就没人听你说话

阿基米德说，“给我一个支点，我能撬动地球”。这句话不知道鼓动了多少人，认为年轻就是资本，年轻就可以任性。然而，只有一股激情和冲动，却没有展翅高飞的本事，通常会跌得头破血流。

不可否认，做人要有出众的口才能力，但是在真正的竞技场上从来都是靠实力说话。无论在团队中为指引方向，还是在重要场合发声，你都要成为思路宽广的人，对行业本质有清醒而深刻的认识，具有真知灼见。否则，即便你讲故事的能力再强也没人耐心倾听。

马云是一个会讲故事的人，也是“有实力再叫板”的实践者，一旦发声就定义新的市场逻辑，令人望而生畏。这一点，从阿里巴巴的成立过程中可以看出来。

阿里巴巴刚刚起步的时候，一切还未步入正轨，只能偏安一隅，做个默默无闻的小角色。提起“阿里巴巴”这个名字，大多数人首先会想到《天方夜谭》里的经典故事《阿里巴巴和四十大盗》。当时，张朝阳、王志东已经在互联网的大餐桌上分到了珍馐美味，成为媒体的宠儿。那是沸腾的互联网新媒体时代，全世界的互联网处于典型的造势阶段。但是，阿里巴巴似乎与这些十分格格不入。

有人问马云，“大家都干得风生水起，红红火火，你在干什么？”马云回答：“我们在闭门造车。1999 年回到杭州以后，大家商量后决定，6 个月之内不主动对外宣传，一心一意把网站做好。”

为了进入 C2C 电子商务模式，马云费劲心思，全力以赴，终于决定创立淘宝。想法一定，大家马上行动，马云给团队下达命令，一个月后新产品上线，不成功便成仁。2003 年 5 月 10 日，经过 27 天彻夜奋战，淘宝页面成功上线。从这一刻开始，互联网上就多了 www.taobao.com 这个网址，直到今天已经成为再也离不开的朋友。

在接下来的日子里，淘宝继续默默无闻、不事声张地改进技术和服务。2003 年 5 月 10 日到 7 月 10 日，短短两个月的时间里，淘宝的成长速度大大超出了马云及其团队的预想。此时，马云觉得时机已经成熟，该向大众、媒体宣传自己了。于是，他通过媒体向大众公布，淘宝是阿里巴巴推出的一个网站，正式向电子商务的前辈们公开叫板，正式宣战。

毫无疑问，马云具备出众的口才能力，掌握了讲故事的高超本领。许多时候，他一开口，大家都会注意聆听。在多个场合，马云娓娓道来，成为世人注目的焦点。但是，马云能够做到一言九鼎，首先是他具备了强大的实力，取得了非凡的业绩。

比尔·盖茨曾说过一句话，“这个世界在你感觉自我良好之前，要求你有一番成就。”为什么普通人说话无人倾听，也没人喝彩，而有影响力的人随便说一句话就得到大家的拥簇？因为有影响力的人有过成功的经历，他们凭借实力和专业能力创造了一番事业，所以说话有底气，令人信服，也经得起考验。

这是一个靠实力说话的时代，没有实力，寸步难行。马云经常“口出狂言”，可是他说过的话偏偏成为许多人的座右铭，原因何在？因为马云先做到了，并且做得非常好，具备了令人信服的实力。

【顶级思维模式】

真正会讲故事的人不会口无遮拦，说一些不着边际的空话。他们放低自我，沿着正确的方向踏实做好每件事，即使不开口也能影响他人。所以，他们一旦开口说话，总会有人驻足倾听，这才是真正的影响力。

六种超级实用的故事思维

会讲故事的人知道听众想要什么，也知道自己应该提供什么。在群体或团队中，他们是掌控局面的人，引导着思潮的涌动方向，还在最大程度上俘获了人心。

在工作和生活中，掌握下面这六种超级实用的故事思维，有助于在人际交往、说话办事、团队管理等方面更加游刃有余。

第一，我是谁。

每个故事中的主角，往往都有讲述者自己身上的影子。或者说，许多故事是你日常生活的缩减版本。你去过什么地方，你做了什么，你想做什么，你将成为什么样的人……这些东西都会有意无意地融入到故事中，并且直接关系到你的影响力和别人对你的看法。

因此，你可以通过与“我是谁”有关的故事增加亲密感，也就是告诉别人你的情况，从而赢得他人的信任、理解与支持。关键时刻，讲述一个关于“我是谁”的美妙故事能有效拉近你和听众之间的距离，让观众得到更多的信息。

第二，我为何在此。

当你花费时间、精力和金钱鼓励他人做某件事的时候，对方一定会产生戒心，除非你能让对方强烈感受到你的真诚。人们心里有杆秤，公平和互惠往往比实用主义更重要。

如果你想与对方进行合作，或者推销产品、服务，讲述成功的客户案例比你努力工作更好。告诉对方你为何出现在这里，要做什么，并用一个故事证明你的积极意图，对方的疑虑和猜忌最终会消失，从而对你产生信任。

第三，教导故事。

一个有教育意义的故事很容易感染听众，全方位触动听众的感官，让人体验善行的意义，或者恶行的后果。教育故事可以让人们穿越时空，改变视角，不知不觉间改变认知，主动修正自己的言行。

如果你想影响他人，或者试图做好团队管理工作，可以借助教导故事让他人从感情和精神上重新审视自己。尤其是当你遇到困难，不知道如何与人沟通时，采用讲故事的方式无疑是一种聪明的做法。

第四，愿景故事。

愿景故事创造了一种可以感知的、想象中的未来，就像售货橱窗中闪闪发亮的自行车可以激励孩子做家务一样。它可以帮助人们从当前的困难、复杂和模糊中转移出来，看到明天是值得争取的。

通过讲述愿景故事，让听众切身感受到一个真实而激动人心的未来，远比其他奖励更能鼓舞人心。对讲述者来说，引导大家思考未来、看到希望，就容易成为凝聚人心的中坚力量。当然，愿景故事有很多要求，但是也有很丰厚的回报。

第五，行动体现价值。

人生本身就是由无数个故事组成的，既然好的故事来源于生活，那么我们就应该在每个平常的日子里演绎精彩的自己。如何过好每一天，让生命充满灵动与色彩，需要当事人确立核心的价值观念，从而在行动上永远正确。

通常，在寻找一个故事之前，花点时间思考并写下四个重要的价值观来指导你的行为。随着时间的推移，你会变得越来越优秀，随时向他人讲述人生的智慧就可以信手拈来。当特定的价值观内化为自动自发的行为，你就成了最有故事的人，人生也会大放异彩。

第六，我理解你。

人类都渴望被认可，得到他人的认同。显然，会讲故事的人更擅长换位思考，充分理解他人的诉求。讲述一个动人的故事，充分理解听众的需要，更容易展示出色的表达技巧。

理解能力越强，你就越能把故事讲得出彩，最大程度上满足听众的心理。具备这种故事思维的人，无论做什么都容易抓住关键，具备掌控全局的能力。

【顶级思维模式】

会讲故事的人更热情，更热爱生活，也更具同理心。他们表现出高情商的素养，说话办事都能令人心悦诚服，与之相处的过程就是享受人生的过程。因此，他们走到哪里都广受欢迎。

第03章　博弈思维

身陷局中，弱者如何胜出

世界就是一盘棋，无论做什么都要与人进行博弈。如果你想赢，必须谙熟无所不在的博弈策略，从而避开不利条件，选择最优的行动计划，实现我方效用最大化。

相悦定律：喜欢是一个互逆过程

结交朋友时,你的标准是什么呢？是漂亮、智慧,还是他们的权势呢？或许，这些都是你们成为朋友的因素之一，然而真正可以维系友谊的是彼此之间的喜欢。当你表现出亲近时，对方是可以感受到的，并且这种愉悦的心情会相互感染。

你无意中听到某人与他人谈论你，并且直接表达出对你的态度。当你们被安排在一起工作时,你就会以之前无意中听到的谈话内容为依据，对这个人做出大致的判断。如果他表达了对你的喜欢，你自然也会对他表达热情和友善，这样的合作会令工作效率得到提高。

但是，如果对方表现的是冷漠或厌恶，那么你在潜意识中也会不自觉地对他持排斥心理。因此，面对喜欢的人，我们常常会持积极的态度，这就是所谓的相悦定律。

有一位老师在班里做过一个实验：让学生把自己喜欢和讨厌的人的名字写在一张纸条上，然后把纸条交上来。他从这些纸条上发现，一个学生写下的自己所喜欢的人，同时也喜欢他，并写在了自己的纸条上。而他所讨厌的人，同时也在纸条上留下了他的名字。双方同时都认定对方是自己喜欢的或者讨厌的人。因此,这种感觉是彼此都可以感受得到的,是一种相互的关系。

其实，男女之间并没有那么多的一见钟情，多是从某一方单方面的喜欢开始的。某一方经过不断的努力感动了对方，最后两个人走到了一起。因此，所谓喜欢的互逆过程，就是在所有外在条件都相同的情况下，人们都比较倾向于喜欢自己的人，尽管彼此的“三观”并不是那么契合。

在人际交往中，为了使自己不碰壁，我们都倾向于选择与喜欢自己的人交往。所以，试着让别人喜欢自己，在社交中非常重要。别人只有喜欢你，才会愿意认识你，并和你交往。那么，该怎样让别人喜欢你呢？

其实，如果你学会发现别人身上的优点，学会赞美别人，找出你们共同的兴趣爱好，并且尊重你们之间存在的差异，那么就很容易获得对方的认可。

一名销售专家曾说，如果想成为一名出色的推销员，必须对自己的工作充满热情，熟悉每一件要推销的产品，但更为重要的是：喜欢你的顾客。因为在推销的过程中，只有顾客喜欢你，才会对你的产品感兴趣，从而顺利把产品推销出去。

【顶级思维模式】

获得别人认可的过程，其实就是推销自己的过程。热情地对待别人，多发现别人的优点，而不是抓着对方的缺点不放，这样会更容易让别人对你产生好感。

陷入“囚徒困境”该怎么办

所谓“囚徒困境”是博弈论非零和博弈中最具代表性的例子，反映个人最佳选择并非团体最佳选择。

这一概念来源于一个逻辑故事。两个嫌疑犯作案后被警察抓住，分别关在不同的屋子里接受审讯。警察知道两个人有罪，但是缺乏足够的证据。警察告诉每个人：如果两人都抵赖，各判刑1年；如果两人都坦白，各判8年；如果两人中一个坦白而另一个抵赖，坦白的放出去，抵赖的判10年。

于是，每个囚徒都面临两种选择：坦白或抵赖。然而，不管同伙选择什么，每个囚徒的最优选择是坦白：如果同伙抵赖，自己坦白会被放出去，而自己不坦白会被判刑 1 年，坦白比不坦白好；如果同伙坦白，自己也坦白会被判刑 8 年，而自己不坦白会被判刑 10 年，坦白还是比不坦白好。结果，两个嫌疑犯都选择坦白，各判刑 8 年。

如果两个人都抵赖，各判刑 1 年。这时候，两个被捕的囚徒之间就展开了一种特殊博弈。通过推理可以发现，即使对合作双方都有利，保持合作也是困难的。

囚徒困境在生活中经常出现，尤其是与人合作的时候。在博弈中失败了，要承担后果；在博弈中成功了，会得到奖赏。这提醒我们，唯有合作才能实现风险最小和利益最优。

在囚徒困境的案例里，两个人都选择抵赖，会各判一年，这是最好的结果。从整体上看，所有的结果组合，都比这个代价大。人的本性都是趋利的，因此选择的结果可能不会尽如人意。显然，每个人都希望自己是无罪释放的那一位，这样思索和选择的结果往往是聪明反被聪明误，变成两个人一起承担最重的惩罚。

凯特和约翰（小王）都是刚刚入职的管培生，最初的工作是到各个门店协助活动策划和执行。两个人被分到了一组，因为年龄相仿、兴趣相投，彼此聊得非常投机。但是，在一次活动中因为粗心大意，一个门店的商品在展销过程中被损坏了。由于现场情况非常复杂，无法查明谁是破坏者。按照规则，凯特和约翰作为具体负责人，需要共同承担责任。

公司领导找到凯特和约翰，询问具体责任如何落实，事情的经过是什么样子。两个人很聪明，如果自己说主要责任在对方，那么如果领导找其他人了解情况，只要有一个人和自己说的情况不一样，就会在领导心里埋下怀疑的种子。同时，还会给领导留下没有担当的印象。所以，凯特和约翰先讲了一些客观原因，然后尽量轻描淡写地说自己的失职之处，却只字不提对方的过错。

由于凯特和约翰都近乎一致地强调客观原因，加上两人刚刚步入社会，经验确实不足，所以这件事被领导重重地拿起，又轻轻地放下，并没有给他们太重的处罚。

从这个故事可以看到，如果想从“困境”中走出来，可以坚守忠诚的原则，从而“防患于未然”。一旦大家有了忠诚和默契，自然不会轻易出卖对方，从而都能获得最大收益。只要双方都坚守底线，那么自然可以将危害降到最低。

【顶级思维模式】

囚徒困境反映出的深刻问题是，人类的个人理性有时能导致集体的非理性。也就是说，聪明的人类会因自己的聪明而作茧自缚，或者损害集体的利益。

博傻理论：聪明人更容易被“影响”

1919 年 8 月，凯恩斯拿着几千英镑做远期外汇投机生意。他利用 4 个月的时间，赚得 1 万多英镑；然而过了 3 个月，他把本金和利润都输了。7 个月后，凯恩斯转行棉花期货交易，再次取得成功。到 1937 年，他已经积攒了一辈子都享用不完的巨额财富。

凯恩斯在投机生意中总结出了一套理论，即“博傻理论”。具体来说，它是指在投机市场中，许多人愿意花高额买一个价值相对低的东西，因为他们觉得会出现更无判断力的傻瓜，并且愿意出更多的钱购买。

“博傻理论”认为，只要出现一个比自己更傻的傻瓜，那么在投机过程中就能获利。实际上，博傻理论并不完全正确，因为聪明人反而更容易被影响。

1630年，荷兰人培育出了颜色和花型都十分独特的郁金香品种。凭借稀有性和高雅脱俗的美，郁金香被当时许多王公贵族作为身份和权力的象征。于是，嗅到浓浓商机的投机商开始恶意囤积郁金香，并引发了一场疯狂的全民投机热潮。

一时间，人们争相进行郁金香球茎的投机，导致国家其他行业发展停滞不前。人们纷纷用土地、房屋等不动产置换郁金香种子，妇女们甚至变卖衣服、首饰和心爱的家具，渴望变得更富有。人们的欲望已经膨胀到了无以复加的地步，结果郁金香价格不断创下新高。

这种混乱局面一直持续到1653年11月的一天。一位对此一无所知的水手来到荷兰郁金香交易市场，他擦了擦随手捡起的一颗郁金香种子，三两口便吃了下去。所有人都呆呆地看着水手，水手也奇怪地看着大家，不过他只是好奇这颗“洋葱头”的味道独特而已。

水手的举动让所有人顷刻从一场持续了多年的美梦中惊醒。梦境中，大家仿佛被一股无形的力量控制住了，关心的只是不断地哄抬郁金香的价格。清醒之后，人们开始大量抛售郁金香，结果郁金香价格暴跌不止，欲望的泡沫破灭了，许多人一夜之间一贫如洗。

“郁金香事件”是“博傻理论”最典型的案例。其实，人们早已经意识到郁金香的价格远超本身的价值，但是人们也相信会有更傻的人出现，并以更高的价格买走手上囤积的郁金香。最终，这种“博傻理论”使得“郁金香泡沫”越吹越大，致使千百万人倾家荡产。

毫无疑问，“博傻理论”获利的基础是存在更多的傻子，这需要准确判断世人的心理。利用“博傻理论”获利难度很大，因为精准掌握众人的心理异常复杂。一旦出现差错，“博傻理论”的使用者便会成为最傻的那个人，想操纵别人反而被别人操控。

【顶级思维模式】

如果不想被别人操纵，需要我们对众人的心理进行调查和研究，从而做出准确判断。此外，保证自己处在理智的状态下，才能做出正确的判断，确保我方利益免受损失。

完全没必要担心别人怎么看你

每个人都希望得到认可，希望在别人眼里举足轻重，有一定的分量和地位。为此，我们奋发图强、努力拼搏，一心想搞出点名堂，并时时刻刻维护、完善自己的形象。

也许是因为太在意别人的看法，以致对别人无意的冷落或忽视你都会耿耿于怀，别人一个不经意的眼神或一句随随便便的玩笑也会令你大伤脑筋，甚至拿自己和他人比较来比较去，最终陷在狭隘的自我里顾影自怜。

很多时候，我们对自己的认识更多地来自于他人的评价和反馈。而这种过度担心别人看法的心理，很容易增加你的思想负担。

汤姆应聘到一家外企人力资源部做助理。上班第二天他就遇到了一个尴尬的问题。急忙冲进电梯的他，发现后面站着昨天刚见过的副总。他犹豫是否要回过头打招呼，但是又怕说错话，最终没有主动打招呼。

下午，汤姆给副总的秘书送报告，副总碰巧从办公室里出来，也像没看见他一样径直走了过去。汤姆开始后悔在电梯里的行为，心想副总一定对自己有意见。

没过多久，上司带着汤姆一起陪副总和客户吃饭。汤姆很想借这个机会与副总搞好关系。但在整个过程中，他内心挣扎了无数次，还是什么也没做。

在前往酒店的途中，上司开始和副总谈论公司的事情。汤姆心想，对于公司的事情，自己身为新人不好插嘴，就始终保持沉默。中间副总咳嗽了一阵，他很想趁机问问：“您生病了吗？”但是这个念头刚一出，头脑中就立刻蹦出“谄媚”这个词。倒是上司开口了：“最近身体不好？”副总叹了口气说：“老毛病，一到秋天就复发。”

下了车，汤姆发现副总手上提着一个大电脑包，臂弯上还有一件风衣，心想：“我是不是应该帮他拿包和风衣呢？”可转念又一想，“如果我那样做了，不就成了跟班？”就在他犹豫的时候，副总已经走进了酒店。

吃饭的时候，汤姆更是不知所措。他觉得自己地位低，在这种场合应该保持沉默。与对方公司交流、谈业务这种事情，他似乎也不知道从何说起。后来，主管有意让他表现一下，给副总敬杯酒。汤姆立刻说自己不会喝酒，用果汁代替可以吗？结果，轻松的气氛一下子消失了。

人最大的弱点，就是太在意别人的看法和反应，做事顾虑重重，最终将简单的事情搞砸。不难看出，汤姆犹豫不决，就是太在乎他人的看法。

一个人如果想主宰自己的人生，就必须坚定信念，完全没必要担心别人怎么看你。到底该如何坚定自己的信念，不被别人的看法左右呢？

第一，要为自己确立目标。

确立目标既是走向成功的需要，也是激发潜力、最大限度地创造价值的需要。有了目标，你就会想方设法为达到目标而努力，就不会为目标以外的事情烦恼。

第二，发挥自己的优势。

人是在战胜自卑、建立自信的过程中成长的。天之生人，各有所长，各有所短。我们在做事的时候，一定要注意发挥自己的优势，避免自己的劣势。

第三，学会自我激励。

在树立信念的过程中，一定要学会自我激励。要有勇气面对别人的讥讽和嘲笑。德国人力资源开发专家斯普林格在其著作《激励的神话》中写道："强烈的自我激励是成功的先决条件。"所以，学会自我激励，就具有了主宰自我的意志与能力。

【顶级思维模式】

你永远无法满足所有人对你的期望，因此专心做好分内之事最重要。许多时候，完全没必要担心别人怎么看你，将事情做到位自然会赢得尊敬和赞赏。

从众效应：山羊为什么排队跳崖

科学家研究发现：一群羊散乱无序地聚集在一起，总是盲目地左冲右撞；然而，如果有一只头羊率先动起来，其他的羊会不假思索地一哄而上，根本不管前方是鲜美的青草还是悬崖绝壁。

人们把这种现象称为"羊群效应"，用来描述受到外界影响而在思想或行为上盲目跟从。也有人称之为"从众效应"，最直白的理解就是"随大流"。比如，今年流行某种款式的衣服，人们会争相抢购，谁也不愿意"落伍"。其实，你未必真的喜欢这个流行款。

一个人在街上闲逛，忽然看见排得很长的队伍，他以为商场在搞促销活动，于是习惯性地站到队伍后面，生怕错过购买便宜货的机会。等到排在自己前面的人越来越少，他才发现大家排队是为了上厕所。

上面这种情况，就是很典型的从众效应。很多人就像盲从的羊一样，根本不知道自己的方向在哪里，习惯跟着别人的步调前进。事实上，“人多”本身就是有说服力的证据，在众口一词的情况下，人们会怀疑并改变自己的观点，并在行动上追随。

一位心理学家做过这样一个实验：在大学生中招募一批志愿者，每7个人分成一个小组，并让每个小组的成员坐成一排。然后在这7个人当中，提前选出6个人作为实验合作者，剩下的1个人作为被试者。

实验开始后，心理学家每次向大家出示2张卡片，并就卡片中的相关内容提出问题。心理学家先让实验合作者回答问题，然后让被试者回答问题。经过几次测试，发现实验合作者和被试者给出的答案都一样。

在后面的几次测试中，心理学家让6名实验合作者说出事先安排好的错误答案，于是一种与事实不符的群体压力便形成了。这时，心理学家趁机观察被试者是否受到群体压力的影响，进而发生从众行为。

结果发现：没有发生从众行为，并且坚持己见的被试者，大约只占总测试人数的25% ~ 30%；35%的被试者发生了从众行为；15%的被试者的从众行为在次数上占实验判断次数的75%。

经过分析，这位心理学家将导致从众行为发生的原因归纳为两大类，即个体在群体中受到的信息上的压力和规范上的压力：

第一，信息压力。人们普遍认为，多数人的正确几率比较高，于是在不知道如何选择的情况下更容易相信多数人，最终导致从众行为。

第二，规范压力。生活中，大多数人不愿意标新立异，与众不同会让人担心被外界孤立，而与众人保持一致会产生一种“没有错”的安全感。

从众心理对人的影响是客观存在的。生活中，每个人都会不知不觉间产生从众行为。心理学家研究发现，与自卑、性格内向、社会阅历浅的人相比，自信、性格外向、社会阅历丰富的人发生从众行为的概率更低。这个调查结果提醒我们，避免从众效应的有效方式是培养自信、增加阅历。

那些有想法的人都有清晰的思维，遇事能够独立思考与判断，并且有特定的人生目标。生活中，他们从不轻易随波逐流，不会因为维持表面的和谐而随意附和他人。在遇到意见分歧时，他们总是相信自己的判断，敢于坚持自己的观点。无论身处哪个群体，面临什么选择，他们从不缺乏特立独行的勇气，坚持做一只充满魅力的“领头羊”。如果你能做到这些，也会得到外界的欣赏和敬佩。

【顶级思维模式】

毫无疑问，从众效应会让人变得缺乏创造力和积极性，让个体价值降低。从社会角度看，它会阻碍个体的健康发展；从个人角度看，它是限制个人能力发挥的一个潜在的重要因素。当一个人变得人云亦云、随波逐流，没有自己的独立思维，失去了判断能力，就会跟着别人乱转，没有自己的方向与目标。这样的人到哪里都不会得到赏识。

关键时刻亮出手中的王牌

在节目表演中，最抢眼、最吸引人的重头戏往往留在最后。这是因为节目制作人了解观众的心理，为了吸引大家留下继续观看故意这样安排。而这最后一个节目，也成了他们手里的一张王牌，使整场表演最终取得预期的结果。

谈判中，当事人手里也要有“王牌”，以便在关键时刻摆脱被动局面，取得主动权。“王牌”一定要留到最后，不要着急亮出来，否则，你渴望杀对方一个措手不及的“良药”，就会成为对方牵制你的“武器”让你陷入被动。

克鲁斯在大城市奋斗了 6 年，他渐渐喜欢上了这座城市，决定在这里扎根。于是，他决定用这些年的积蓄，在公司附近买一套房子。他查了很多资料，问了很多朋友，最终找到了一套满意的房子。

克鲁斯联系到房主，双方很痛快地谈妥了价格，并签署了购房合同。当天，他就向房主缴纳了 4 万元定金，准备过几天全额付款，办理过户手续。

出人意料的是当地政府几天后宣布要在旁边修建地铁，克鲁斯买的那间房子价格也随之暴涨。在房主看来，这简直就是“天上掉下来的馅儿饼”，于是单方面撕毁了合同。

随后，克鲁斯找房主理论，房主却说：“先前的合同不算数，我已经把它撕了。你如果还想买这个房子，必须在之前的价格上再加 15 万。”对此，克鲁斯坚决不同意，但交涉多次都没有结果。于是，他决定起诉房主，并给房主发了律师函。

此时，房主才意识到事情的严重后果。因为毁约在先，如果这起纠纷被法院受理，那么房主一定会败诉。因此，他私下主动找到克鲁斯，希望再谈一谈房子的事情。可是，克鲁斯态度非常坚决，不想听房主的解释。

最终，房主经过一番思考后，决定按之前的合同把房卖给克鲁斯，双方达成和解。克鲁斯因为搬出了法院这张“王牌”，维护了自己的正当权益。

在谈判中，如果遇到不可调和的矛盾，不妨像克鲁斯那样亮出王牌，夺回谈判的主动权，让对方把无理要求收回。但是，如果不合时宜地把“王牌”亮出来，并不能获得想要的效果，可能还会弄巧成拙。

谈判博弈中充满了未知数，你有“王牌”，对方也有，而且随时在变化。假如遇到窘境就求助于“王牌”，反而会陷入非常被动。而且，“王牌”终究数量有限，一旦亮出便没有反悔的余地了，再遇到困难时往往就失去了抗衡的力量。因此，使用“王牌”要慎重。

【顶级思维模式】

“王牌”可以让你增加自信心，获得主动权，在遇到危局时力挽狂澜。可是，如果王牌不能用在合适的场合和合适的时间，你就会被对方赶尽杀绝，陷入尴尬的境地，谈判结果也就可想而知了。

史密斯原则：竞争中前进，合作中获利

个人的能力是有限的，即便能力再出众的人，要想有所成就，也离不开他人的支持。每个人都有长处，也有不足，通过团队合作，他人的长处可以弥补自己的短处，而自己的长处也可以弥补他人的不足。

如果没有合作，就不会有绵延万里的长城；如果没有合作，就不会有雄伟的金字塔；如果没有合作，就不会有高度发达的现代文明。在人类历史前进的过程中，“合作”起着至关重要的作用。

一个人可以凭借自己的努力取得一定的成就，但如果把自己的能力与团队力量结合起来，就能取得更辉煌的成就。随着科技的发展，社会分工越来越细，个人的能力在复杂的工序面前显得微不足道。要想成功，只能寻求合作，团队精神在现代职场显得尤为重要。

玛丽和珍妮同时进入一家公司。珍妮能力出众，很快就可以独当一

面，她的工作能力让同事和领导刮目相看；玛丽虽然工作能力不如珍妮，但是她开朗大方，活泼而有亲和力，在人际关系方面比较出众。

入职的第三年，两人所在部门的主管跳槽，公司领导决定从她们两人当中选出新的部门主管，最终结果在三个月后公布。得知这一消息之后，两个人展开了竞争，尽力把自己最优秀的一面展现出来，以期望在职位竞争中获胜。

三个月后，公司领导宣布玛丽为新的部门主管。对此，珍妮感到有些失落，但是她很快调整好状态，并向玛丽表示祝贺。她说，玛丽身上有许多自己不具备的优点，担任主管一职实至名归。

玛丽也明白自己有许多不足之处，经常向珍妮请教。珍妮的大度，玛丽的谦虚，引来同事一片赞扬，她们的行为也引起了总经理的注意，不久，珍妮被调到另一个部门担任主管。

上面这种既竞争又合作的状态，在现代职场普遍存在，只是很多人不懂得如何处理这两者之间的关系。

优秀的职场人士很清楚，在竞争日益激烈的现代社会，想生存下去唯有寻求合作，只有和团队成员拧成一股绳才能增强竞争力。那些妄图凭一己之力闯出一片天地的想法，显得不切实际而可笑。离开团队成员的支持，个人的能力不但无法充分发挥，而且根本不足以完成一项浩大的工程，当然也不可能取得辉煌的成就。

当然，职场当中不光有合作，还有竞争。在企业内部也会涉及利益、权力。为了获得更高的职位、更丰厚的薪资，企业成员之间必然会展开竞争。只是企业内部的竞争，不是“你死我活”的争斗，而是为了共同进步的良性竞争。

总之，竞争与合作缺一不可。通过竞争，彼此能够发现自身的不足，并及时改正，从而不断成长；通过合作，可以使彼此的能力充分发挥出来，从而推动团队不断进步。只有将竞争与合作的关系处理得当，才能在博弈中取得双赢的效果。

【顶级思维模式】

通过竞争，人们可以快速进步；通过合作，可以使利益最大化。其实无论是竞争还是合作，都是为了共同的利益。因此，当你觉得自己无法战胜对方的时候，就应该想办法融入进去。

第04章　迭代思维

为人生赋能，永远无惧变化

技术不断突破、产品不断创新、商业模式不断变革，每个人、每个企业都会面临淘汰。如何走出人生迷茫、执行焦虑？迭代思维帮你在变化中取胜，抓住成功的机会。

没有计划的人迟早被计划掉

“计划”是一个人对目前以及未来的规划，一个有计划的人做事有条不紊，并且每件事都有目的性，成功对他来说是实行计划的结果。而没有计划的人，纵使心怀高远，也很难实现梦想。

成功不是想想而已，如何成功？怎样做？目前这个阶段要做什么？如果连这些计划都没有，便只能被计划掉！

有的人在大学期间成绩优秀，能力也很强，但是多年以后并没有什么成就；而那些早年为人低调的人，却在后来有所建树，让人刮目相看。他们的区别在于，是否提前制订了计划。

亨利从大一开始就参加各种活动，他说这可以锻炼自己，以后找工作也能派上用场。同时，他还参加各种培训考试，因此每天忙得团团转。

同宿舍的凯瑞与之截然相反，凯瑞有明确的目标，准备将来出国留学，因此，他很少参加社团活动，总是在图书馆专心学习。

大学期间，亨利是学校的风云人物，他能言善辩、容貌帅气，成了众多女生心目中的男神，而那时的凯瑞却不修边幅，带着厚厚的眼镜，穿着一双球鞋来往于宿舍和图书馆之间，丝毫不能引起大家的注意。

大三下半年，亨利不得不将手上各种社团的管理权交给下一届，这是学校的传统。此后，除了上课，亨利整日无所事事，不知道做什么，而凯瑞依旧忙碌地学习着。

大四那年，亨利开始参加各种考试，公务员、研究生、企业招考……

他需要准备的东西太多，结果最后没有一件事做到位。毕业时，凯瑞顺利出国，学习金融专业，而亨利进入一家小公司做业务员。

多年后同学聚会，酒桌上的亨利没有了当年的意气风发。虽然是一家小公司的业务主管，但是在众多成就斐然的同学面前，他在事业上平淡无奇。

而凯瑞衣衫革履、风度翩翩，让人很难想象他就是当年那个带着厚厚的眼镜，沉默寡言的男生。据说他已经创办了公司，公司的估值超过1.2亿美元。

其实从一开始，亨利和凯瑞就在走不同的路。亨利开始就没有计划，一边追随大家参加社团活动，一边参加各种培训考试，根本没有明确的目标。随波逐流之下，他只能走一步看一步，听从命运的安排。

而凯瑞从进入大学校园的那一刻起，就制定了详细的计划。他做的一切都有明确的目的，最后出国、创建公司也就理所当然。

生活中，亨利、凯瑞的遭遇很常见。有的人没有目标，没有计划，于是盲目地做着一切，很难在自己的领域里有所建树。而有的人很早就开始计划自己的人生，使后来的发展有特定的轨迹，有所成就看起来也顺理成章。

拥有美好梦想的人比比皆是，而成功者却屈指可数。口头上的羡慕若没有之后的行动，只能是痴人说梦，而盲目的行动以及毫无计划的努力只会徒劳无功。

想有所作为、梦想成真，就要计划现在，计划未来。如果你不清楚自己的目标是什么，首先要搞清楚方向在哪里。如果你有明确的目标，那么请静下心来，做一份详细的计划书。你可以给自己一个期限，一年或者三年，这段时间你要达到哪一个目标？这段时间的每一天，每一个小时，你要怎样做？要做到什么程度？

【顶级思维模式】

这是一个充满竞争也遍布着各种机会的时代。但是,如果你没有计划,就只能被淘汰、被计划掉!从这一刻开始,试着做计划吧,计划你的现在、未来,计划你生活中的每一分、每一秒!

遇见未知的自己

在我们身边,总有一些人对生活、工作抱有不满,虽然一直怀揣着梦想,却始终无法得志。还有一些人一直在暗自思忖,如何让自己的人生过得更精彩,但平日里却不思进取,安于现状。他们之所以无法如愿以偿,是因为长期以来被固有的习惯、思维所束缚,虽然有各种目标及理想,却从来不曾为此付诸行动。

卡耐基曾看过乔治·凯利讲述关于固定角色治疗的实验报道,才知道每个人的性格都是可以改变的。当原来的思维方式或行为习惯无法帮你实现目标时,可以参考周围成功者的做法做出相应的改变。这时,你会遇到一个未知的自己,并惊奇地发现自己的潜力如此巨大。下面,我想详细地介绍一下乔治·凯利和他的实验过程。

1905 年,乔治·凯利出生在堪萨斯州的一个农场。高中毕业后,他取得了物理学学位,来到明尼苏达州教授公共演讲。后来,他放弃了教学工作,进入衣阿华州立大学学习,并获得心理学博士学位。

在大萧条时代,农业家庭面临着各种各样的困难,乔治·凯利深知这一点。于是,他立志做一个热情的心理学家。起初,他借鉴弗洛伊德的心理学方法,让农民们躺在沙发上,将自己的梦境描述出来。可是,对文化程度很低的农民来说,这套理论太难以理解了。为此,他创造了一种更为实际的方法解决大家的问题。

凯利的早期发明之一是“镜子时间”。他让人们在镜子面前坐半小时，观察自己在镜中的样子，然后回答下面的问题：你喜欢镜中的人吗？镜中的人是你理想中的样子吗？你在自己的脸上是否发现了一些别人不曾注意到的东西？虽然凯利知道人们很喜欢盯着自己的眼睛看，但他并不确信这种对镜沉思的方法能给人带来益处。所以，他决定根据此前公共演讲教学的经历，鼓励人们探索其他看待世界的方法。

之前大量的治疗经验告诉凯利，人的性格是多变的。就好像演员在职业生涯中会扮演各种类型的角色一样，人们在一生中也会变换不同的身份。

除此之外，凯利还坚信，人们看待自己的方式是心理问题产生的根源。因此，为了给病人做好心理治疗，首先要帮助他们建立正确的身份认同。他给自己的方法取名为“固定角色治疗”，并且随着时间的推移，还发明了一系列帮助人们建立新的身份认同的有效方法。

固定角色治疗的第一个阶段包括多种练习，目的在于帮助人们深入认识自己。其中，最经典的一个练习是将自己和熟人进行对比，从而确定其划分人群的心理特点。此外，还有一个练习，是以第三人称的方式写一段简短的自我介绍。

然后，当事人要根据以上练习得出的结果，建立一种全新的自我认同。显然，这需要被测验者对自己的性格进行全面检查或者调整。接着还要认真想一想，当面对生活中的各种遭遇时，这个“新的自己”会如何行动。最后，进行角色扮演，以准确把握全新的行为方式。

在固定角色治疗的第二个阶段，最好用两个星期的时间“扮演”这个全新的角色。结果表明，几个星期之后，人们完全忘记了自己是在“扮演”，至此一种新的身份认同已然形成。

凯利在研究中经常听到病人陈述，这个新的自己之前一直就存在，只不过没有被发现而已。正如“表现”原理预料的一样，通过扮演他们想要成为的样子，人们建立了新的身份认同，遇见了另一个自己。

很多人无法成功实现设定的目标，或难以达到全新的高度，并不是能力不足，主要是因为当事人被自己固有的性格所束缚。事实上，普通人根本想不到通过固定角色治疗完成自我救赎，遇见未知的自己；另一方面，这个全新的、充满正能量的自我恰好能够实现预期的目标，完成长久以来未曾实现的目标。可以说，在没有发现另一个神奇的自我之前，许多努力都是白费的。

人的潜能是巨大的，不过在苦难面前，它很容易被埋没，或消解得烟消云散。尤其是个性悲观、消极的人，几乎感受不到它的存在，也无从发现另一个神奇的自我。对自我设限的人来说，困境就意味着失败；但对一个意志坚强、目标坚定的人而言，走投无路往往能激起内心更大的潜能。

【顶级思维模式】

你梦想着有所成就，千万别给自己的人生设限，永远不懈地去探索、尝试，终究会有无穷的发现，并遇见那个未知的自己。

不要拒绝看似不可能完成的任务

1927 年，鲁迅先生在《无声的中国》一文中写道：“中国人的性情总是喜欢调和、折中的，譬如你说，这屋子太暗，在这里开个天窗，大家一定是不允许的，但如果你主张拆掉屋顶，他们就会来调和，愿意开天窗了。”后来，人们将这种心理叫作“拆屋效应”。

人类有两种本能：战斗和逃跑。毫无疑问，战斗需要消耗更多的能量，因此逃跑成为人类生存下去的有效手段。但是，周围环境在不断变化，如果故步自封，就将面临被淘汰的压力。

当一件看似不可能完成的任务摆在面前时，大多数人出于本能会后退一步，选择把烫手的山芋扔给别人。这样做的结果是，他们可能终其一生都没有勇气向不可能完成的工作挑战。而情商高的人，即使没有在面对“烫手山芋”时主动请缨，也不会说“我做不了”这样的话。

乔伊在公司工作多年，虽然没有任何职位，但为人稳重，任劳任怨，得到了公司大多数人的肯定和赞赏。大家都认为，他升职是迟早的事。

有一天，经理得知外地一个小城镇需要公司的产品，便有意选派人员前往。大家都知道这项任务艰巨，纷纷退避三舍，乔伊看到这种情况，就主动承担了这项任务。

不出所料，乔伊在小城镇接连遭遇挫折。他在该城联系了几家工厂，虽然事先和几家工厂的负责人通过电话，但到那里之后，他发现要和一群素未谋面的人建立信任、达成共识，并签下合同，简直太难了。尽管如此，他仍然详细解说了本公司的产品，还真诚地给那些工厂做赢利分析。

这一天，乔伊偶然遇到了一个只有一面之缘的客户。虽然并无业务来往，乔伊却准确地说出了对方的名字，令客户大为感动，双方很快签署了合作协议。在这个客户的带动下，有好几家公司也和乔伊签了约。当他准备离开小镇的时候，签约的客户已经达到了8家。

经理得知乔伊要回公司，不仅亲自迎接，还送上了一份迟到的任命通知。原来，当乔伊主动接下这个任务的时候，总经理就决定给他升职了。

很多时候，人们会将眼前的困难放大，尤其面对领导分配的难以完成的任务时。殊不知，这样的任务虽然要求很高，但上司的心理期望值并不高。

此时，如果你习惯性地说“我不行”，领导可能会觉得你真的不行，以后就不会给你派任务了。这样一来，你虽躲避了挑战，但同时也失去了机会。相反，如果你先把工作接下来，然后抱着“这个我做起来有点难，但是我会努力”的心态做事，最后就会有超乎想象的收益。即使完成得不够好，你也不会损失什么。

“只要有无限的激情，几乎没有一件事情不可能成功。”平庸的人喜欢用“不可能”，他们总是说这不可能，那不可能，其结果就是真的不可能了。

如果你想有所作为，就不要拒绝看似不可能完成的任务，应该用一种良好的应战心态，勇于接受挑战。许多事情看似不可能，其实是功夫未到。请记住：只要去做，一切尽在掌握！

【顶级思维模式】

当困难摆在眼前时，人们习惯性在心理上将其放大，这源于人类逃避的本能。我们要勇于向不可能完成的任务发起挑战，只要功夫到了，总会有所收获。

自律让你变得更强大

人类体内有一个生物钟，它与现实生活中的时钟原理相同，都具有报时的功能。不同的是，时钟向人们报出的是时间，而生物钟向人们报出的是该做某件事情的信号。

对一个有午休习惯的人而言，每到午休时间，他的生物钟就会通过犯困、疲惫等生理反应，发出午休的信号；经常锻炼的人，如果没有及时做运动，生物钟会通过心理暗示提醒他该去锻炼了；到了吃饭时间，生物钟会通过饥饿来提醒人们该吃饭了……

生物钟的形成与一个人的生活习惯息息相关，可以说，生物钟就是人类对习惯的记忆。任何事情有规律地坚持一段时间之后，就会形成习惯，并成为生物钟。想要形成自律的生物钟，需要从以下几点着手。

第一，让自律变成一种习惯。

让自律变成一种习惯，这就要求人们在生活中经常使用自控力。比如，当你想向诱惑屈服时，就要发挥自控力的作用，不要给自己任何放纵的理由，必须运用自控力抵御住诱惑。时间一长，就会习惯性抵御诱惑。如此一来，自律就变成了一种习惯。

很多家长认为爱孩子就是满足他的一切愿望。当要求得不到满足，孩子便会大哭，想通过这种方式达成所愿。而家长见到孩子哭，就像是被踩到尾巴的猫一样，慌手慌脚，方寸大乱，毫无原则，什么要求都答应。

时间久了，这样的生物钟就形成了，孩子想要做什么，即便家长不同意，他们知道只要大哭，家长便会乖乖地答应。等到孩子长大了，提出的要求超出你的能力范围时，你又该怎么办？孩子又会有什么样的行为呢？因此，对于任何人而言，让自律变成一种习惯都是非常必要的，因为任何人都不能为所欲为。

第二，针对某一方面培养自控力。

由于每个人的生活轨道不同，可以有针对性的培养自身的自控力。比如，团队领导者除了有明辨是非的能力之外，还必须有海纳百川的度量，即便别人提出的意见具有批判性，也要理性地分析。而客服工作者，则需要培养耐心听取客户投诉的自控力。从事不同工作的人，都要培养不同侧重点的自控力。

第三，不放纵自己，不破坏生物钟。

千里之堤，溃于蚁穴。很多时候，好习惯被放弃都是因为一时的放纵。好习惯如果一直坚持，并不会觉得有什么不舒服，可是一旦改变，就很难再恢复。

如果你想完成人生进阶，让自己变得更优秀，万万不可放纵自己。在日常生活中养成自律的习惯，每天按照既定目标行动，就能在日积月累中成就非凡的自我。

【顶级思维模式】

想要形成自律的生物钟，先要形成自律的习惯。一旦习惯形成，就不要给自己找任何借口来破坏这个习惯。

成功法则：一万小时定律

20 世纪 90 年代，诺贝尔经济学获得者赫伯特 · 西蒙，心理学家安德斯 · 埃里克森，共同提出了“一万小时天才理论”。这一理论告诉人们，“天才”之所以非比寻常，不在于天赋异禀，而在于对某项技能进行了一万小时的训练。

也就是说，进行至少一万小时的专业训练，你就能成为某方面的专家。反过来说，在任何一个专业领域，如果缺少“一万小时”的训练，即使有再突出的先天优势，也无法成为这一领域的领军人物。

一万小时是一段很长的时间，如果每天练习 3 个小时，每周练习 7 天，那么需要 10 年才能达成一万小时的练习量。如果没有超人的毅力，恐怕很难坚持下来。那些成功的专业人士之所以能成为行业领军人物，也可以用“一万小时天才理论”来解释。

你是否因为自己的平庸表现而苦恼？是否因为业绩平平而焦虑？那么，不妨了解一下“一万小时天才理论”，指导自己做出改变，从而在工作中日益精进。

学会一种技能非常重要，无论它多简单。然而，能够持之以恒地努力，成为专家级人士，就不是轻易能做到的了。在漫长的努力过程中，你要忍受寂寞、煎熬和枯燥，当心绪不平的时候，如果没有强大的情绪掌控能力，很难坚持到最后。

披头士乐队是流行音乐界最受欢迎的摇滚乐队，这支来自英国利物浦的乐队成立于 1960 年，此后取得了巨大成功，也赢得了无数荣誉。他们的成功不仅源于他们在摇滚乐方面的创新，更离不开他们的努力与坚持。

起初，这支乐队并不起眼，一个偶然的机会，他们被邀请到德国汉堡演出。在 1960 年到 1962 年间，披头士乐队往返汉堡 5 次，第一次就演出了 106 场，平均每天演奏 5 个小时，第二次演出 92 场，第三次演出 48 场，共 172 个小时。

在 1964 年成名之前，他们其实已经进行了大概 1200 场演出。与现在的乐队相比，这个数字简直就是传奇，频繁的演出锻炼出非凡的唱功，也筑就了披头士的辉煌。正是惊人的努力让这支乐队大放光彩，赢得了世界人民的喜爱。

也许大部分人会认为，披头士的成功主要依赖于 4 个人与生俱来的音乐天赋，但是，他们坚持不懈的练习也是成就辉煌的保证，为他们的演艺道路奠定了坚实的基础。

在任何行业、任何领域，只有坚持练习，让工作技能越来越熟练、专业经验越来越丰富，才能有更大的成功机会，并展示出高超的专业素养。

人生短短几十载，如果不珍惜积累沉淀的机会，而是一味抱怨怀才不遇，或者虚度时光，终将没有长进，更会随着时间的流逝一事无成。一个人的才华和能力都是有限的，唯有勤奋努力的人才能成为行业的佼佼者，在业内站稳脚跟。

机会总是青睐肯努力、有准备的人。扔掉抱怨情绪，抛弃自怨自艾，静下心来投入到工作中去，努力将自己的才华、能力提升到新高度，在自己的岗位上发光发热，你就不是一个平庸的人。

【顶级思维模式】

不管多么困难的工作，多么难掌握的技巧，只要坚持不懈地磨炼自己，终会有一天达到理想的目标。成功者从来不会对困难屈服，总会坚持自己的理想，想方设法地让自己接近奋斗目标。

再穷也要站到富人堆里

《塔木德》里有这样一句箴言：如果想变得富有，你就必须向富人学习。即使只是站在富人堆里，你也会闻到富人的气息。如果你经常接触富人，就会有更多成为富人的机会。尤其是当你学到了更多的富人思维，你就会慢慢向他们靠拢，得到很多财富启示和机会；而如果一味站在穷人堆里，你除了抱怨以及节俭地生活之外，往往什么也学不到。

穷人之所以穷，根本原因是缺乏会赚钱的头脑，在通过致富改变命运这条道路上一无所知。如果你想获取更多财富，或者迈向成功，不妨学习富人的思考方式和行动方法，从而完成命运的转变。

有一个人穷困潦倒，但是与一个家财万贯的富人做了邻居。穷人见富人生活得那样舒适和惬意，于是请求道：“我愿意在您家服务三年，期间不需要任何劳务费，只需要让我吃饱饭，并且有地方睡觉就可以了。”

富人觉得这个提议不错，立即答应了穷人的请求。三年后，穷人离开了富人的家，从此不知去向。十年后，当年那个穷人出现了，然而此时的他已经是当地少有的富豪之一了。

面对沧桑巨变，富人向这个昔日的穷人提出了一个请求："我愿意出 10 万块钱买你变得富有的经验。"昔日的穷人听完哈哈大笑："十年前，我用三年的时间学习你的成功经验，才有了今天的成就；现在你反而要花钱买这些经验，岂不是很讽刺？"

可见，贫富不是由命运来安排，富人的头脑和经验才是他们获得成功的关键。如果你扎进富人堆里，观察他们的处事方式，借鉴他们的思维方法，学习他们独到的财富眼光，你也会在不知不觉中拥有获取财富的潜质。

和狼生活在一起，你就能学会嗥叫，常常和那些优秀的人接触，你就会受到优秀的引导。如果你想变得富有，就要和富人交朋友，接收正确的理财观念、赚钱思维。犹太人之所以富有，最重要的智慧之一就是"穷，也要站在富人堆里"。接受富人心态和思维的熏陶，时间一久，你也会像富人一样思考。

推而广之，如果你想在某方面有所建树，甚至小有成就，一定要和这方面的成功人士或专业人员多交流，从而在观念上觉醒，在行动上精进。

第一，勤于观察，善于思考。

机会只在智者的眼中，机遇的发现需要一种独到的眼光。想在某个领域有所作为，一定要多看、多想。所有的付出和努力都不是徒劳，都会为最终的成功进行积累和铺垫，只有善于观察、思索的人才能获取更大收货。

第二，及时总结，精于分析。

日常工作和做事过程中隐藏着成功的逻辑，每天的努力都能带给你不一样的体验，前提是你要在思考的基础上及时总结，并准确分析出成功的经验，每天都能进步一点点。

【顶级思维模式】

富人为什么拥有更多财富？因为他们具有超越常人的智慧，对财富高度敏感，所以紧跟富豪的投资步伐，就能快速、直接得到投资致富的正确思路和途径，不仅风险小，而且收益大。

第05章　知识思维

让见识成为你最大的底气

21世纪是一个信息爆炸的时代，也是知识更新速度越来越快的时代。只有优化知识结构、挖掘知识价值，你才能看见更远的未来，在竞争中掌握主动权。

知识的宽度限制思维的广度

拥有各方面的丰富知识，是取得成功的基本素质，也是在人生之路上有所收获的根本保证。因为拥有丰富的学识，视野就变得十分广阔，而有一个广阔的视野对于形成正确判断，作用实在太大了。

在犹太人的眼里，知识和金钱是成正比的。只有掌握了知识，特别是掌握了大量业务知识，在经商中才不会走弯路，才会先于别人到达目的地，也才能更快地赚更多的钱。

一个西班牙老板对犹太商人的经商原则很欣赏，并且尽力学习，最后取得了巨大成功——他的女式手提包的生意十分红火，在服饰品贸易的经营中站稳了脚跟。

后来，他看到犹太人经营钻石更为赚钱，于是也想做钻石的买卖。不过，他看到身边不少西班牙人经营的钻石生意很不景气，为了避免遭受同样的命运就找到世界著名的钻石大王玛索巴士，询问其中的缘由。

这位钻石大王听完他的来意，语重心长地说："做任何生意都要有相关领域的丰富知识，钻石生意也是如此。你对这颗钻石的来源、历史、种类和品质都不知道，显然无法知道它的价值。如果积累这些判断钻石价值的基本经验和知识，至少需要 20 年。只有真正了解了所有相关的知识，你才能培养出真正的市场眼光。"

听到这里，西班牙人不禁为自己的知识太少而羞愧，于是自觉退出了这个行业。

学识渊博是犹太人对商人的要求，他们不但要求自己持续学习，而且也要求别人要多学习。他们绝不和那些见闻狭隘、学识浅陋、品行粗俗的人来往。犹太商人相信，多结交学识渊博的朋友，不但可以相互得益，而且可以提高自己的信誉，有利于事业发展。

犹太商人有“杂学博士”之称，他们在商业谈判中讲得头头是道、条理清晰、内容精彩，似乎世界上没有他们不知道的事情。犹太人谈政治、论经济、说军事、讲历史，还滔滔不绝地聊体育、娱乐、军事、时事，真是天文地理无不涉猎，似乎天下没有他们不通晓的道理。

正因为拥有如此渊博的知识，他们才具有高智商的头脑，从而在生意中永远立于不败之地，成为公认的“世界第一商人”。

一个人想成为某一领域的专业人士，并有所作为，一定要努力成为学识广博的人，用丰富的知识开阔自己的眼界，从而放眼世界，对行业资讯获得全面、精准的认识。

经验表明，因为知识欠缺导致认知出现偏差，影响了个人判断，这种情况屡见不鲜。在知识经济时代，多读书并保持学习的习惯，才能紧跟社会发展趋势，在自己的领域内不落伍。

【顶级思维模式】

学习是一个人的生存手段，也是迈向成功的资本。在未来社会，靠以往那种自上而下的培训已经不够，应该创造一个自我学习环境的氛围，永远保持学习的动力，不断用最新知识、最新技术武装自己。

你是否在吃传销洗脑的亏

人们一听到传销洗脑，不禁会毛骨悚然。那么，到底什么是洗脑？对他人进行洗脑是如何做到的呢？

所谓洗脑，就是在外部信息强有力的干扰下来替换当事人原有的思想，并且内化为其自己的思想。传销实则是一种手段，和枪支的使用一样，犯法与否在于使用者用于何种目的。传销者利用自己的人际信任度来交换。不管你如何聪明、有钱、有学识，只要在你生命中有某种缺失，你就很有可能陷入传销的圈套不能自拔。

传销之所以能成功地给众人洗脑，与心理、逻辑学的出色运用密不可分。传销人员将这些伎俩巧妙地连接起来，反复使用，直到将对象的思维彻底搅乱，成为传销组织的俘虏者。这些伎俩包括偷换概念，反复强化，自我暗示，他人暗示和群体施压，利用这些方法逐步将对象的防御彻底消除，并且灌输特定的理念，最后成为传销者中的一员，帮助他们寻找下一个猎物。

第一，传销洗脑主要是激发个人欲望。人只要缺少什么，就会产生相应的欲望。为此，将这个目标无限放大，你的情绪会变得前所未有地亢奋。在这种情绪的包围之中，对未来美好的期望照亮着你。而传销人员站在你的立场上，无条件地支持你，进而赢得你的充分信任。

第二，传销者会不遗余力地反复强化特定的理念。他们利用反复强化的道理，不断让你对现实感到不满，对未来展开期待。整个传授过程大多持续两个小时以上，不断有人鼓掌喝彩，让你处于一种晕忽忽且异常兴奋的状态。等到时机成熟，催眠暗示也就会随之到来。

第三，发掘出人性恶的一面。他们经常会攻击人的道德意识，把人性潜藏的恶诱导出来。道德压制下的欲望就会呈现出来，欲望一旦占主导地位，这些误入传销的人就会变被动为主动，由被骗者转变成积极主动的骗人者。

在发掘人性恶的一面时，他们非常注重皮革马利翁效应。所谓“皮革马利翁效应”即是期望者通过一种强烈的心理暗示，使被期望者的行为达到他们的预期要求。为此，主讲者发自内心地热切期待被洗脑的传销者可以实现自己的愿望，并且肯定心中的期望是可以实现的。

为此，被洗脑的传销者也更加深信自己心中的想法，为此更加全身心地投入其中。他们在心理上一直保持狂热的状态，思想根本从未离开某一特定的目的，长期的思想控制也就不难理解了。

既然知道传销者洗脑的套路，怎样警惕传销人员的思想操控呢？这里有几条建议，牢记于心可以避免被宣传组织洗脑。

第一，对长久不联系的同学，应该保持应有的警惕。做传销的人大多骗取的都是身边的同学、朋友，尤其是那种在一段时间交情很深，但是由于种种原因长久不联系了。这时候，如果对方频繁地联系你，并且再三邀请你去某地玩，或者介绍一份好工作，最好委婉地拒绝，或者邀请他到你这里来玩。如果实在不得已到了同学的工作地，一旦发现对方想方设法使用你的手机和钱财，最好找借口赶紧离开。

第二，失业或者不满足现有的工资待遇。在找工作时，切记“天下没有免费的午餐”，任何高薪酬都要付出应有的劳动。如果某一工作工资待遇特别高，而且要求又比较低，这极有可能是传销公司的一种骗人招数。为此，寻找工作切忌好高骛远，相信那些低付出高报酬的骗人工作。

第三，如果误入传销组织，一定要保持冷静，不要相信任何一个人，学会随机应变，寻找机会逃走。学会自我否定，这可能比较残酷，然而它是一种“退出”的成本，也是必须为此付出的代价；进入时成本越高，退出的过程也更加困难。

假如不幸进了传销组织，一旦逃离出来，一定要向曾经打过电话的亲友、朋友做出诚挚的道歉，说明原委，请求他们原谅。

【顶级思维模式】

社会本就是一个大熔炉，形形色色的人遍布各地。正所谓“害人之心不可有，防人之心不可无”，只有提高警惕，才能尽可能少上当受骗。

让大数据告诉你该做什么

每年，微软差不多都有七八百万条原始客户数据等候处理，而其中有600万条来自支持现场，大多是用电话，也有一部分是从网上发来的。还有100万条来自Premier，它是微软面向企业客户的最尖端支持服务。

另外还有一些客户数据来自其他多种渠道。比如，支持工程师在处理电话时，把电话记录的问题输入数据库。网络在线的问题记录可以直接进入数据库。而电子邮件上提出的问题也能方便地转化成有条理的格式被输入。

这些数据，集中反映了顾客对微软产品的意见，从这些反馈中微软得到了许许多多启示。为了更好地利用这些信息，发挥它们的最大价值，微软通过对集中数据的分析，列出问题优先处理表，并向每个开发组推荐若干个解决方案，同时还包括新产品特色。这种结构化的反馈使开发组大大缩短了时间，提升了工作效率。

微软的启示在于，经营者要学会用数据读懂客户，从中获得有价值的商业情报，为决策提供依据。而所谓客户数据，其实是商业活动中广泛接触到的各种客户信息情报。

客户信息是客户关系管理的基础。数据仓库、商业智能、知识发现等技术的发展，使得收集、整理、加工和利用客户信息的质量大大提高。

著名的“啤酒与尿布”的数据挖掘案例就很有启发意义。

一个美国最大的超市：沃尔玛，在对顾客的购买清单信息的分析表明，啤酒和尿布经常同时出现在顾客的购买清单上。原来，美国很多男士在为自己小孩买尿布的时候，还要为自己的带上几瓶啤酒。而在这个超市的货架上，这两种商品离得很远。因此，沃尔玛超市就重新分布货架，即把啤酒和尿布放得很近，使得购买尿布的男人很容易地看到啤酒，最终使得啤酒的销量大增。

办公自动化程度、员工计算机应用能力、企业信息化水平、企业管理水平的提高都有利于客户关系管理的实现。我们很难想象，在一个管理水平低下、员工意识落后、信息化水平很低的企业从技术上实现客户关系管理。

有一种说法很有道理：客户关系管理的作用是锦上添花。现在，信息化、网络化的理念已经深入人心，很多企业有了相当的信息化基础。关键是，要把事情做到位。

客户数据不在多，在于用。仅仅拥有大量的客户信息，并不能保证一定能够提高最有利可图的客户忠诚度，经营者必须确保所收集的是最相关的客户信息。倾听能够对客户的行为和偏好产生影响的客户态度，将会为我们提供“一个更为坚实的基础，从而能够制定和实施旨在提高客户忠诚度的各项战略”。

【顶级思维模式】

用数据挖掘、建立客户档案，计算机、通讯技术、网络应用的飞速发展使得这种想法不再停留在梦想阶段。除了建立信息档案外，你要重视信息的利用，也就是通过对信息的分析、汇总，得出有价值的商业情报，进而获得客户信息。

防止经验变成人生路上的陷阱

经验是指你在过去的实践或学习中得到的知识和技能，包括直接经验和间接经验。任何一种经验都是人们亲身实践获得的，都能帮助人们在以后的工作和生活中少走弯路，提高效率。

但是，任何事情都有两面性，经验也不例外。善于运用经验并加以创新的人，更容易有所作为；那些囿于狭隘经验而不知变通的人，往往陷入经验编织的陷阱，很难有进步和突破。对此，必须保持警惕。

一只蜻蜓飞累了，停在路边的石头上休息。这时，它发现不远处有一只蜥蜴正在慢慢靠近自己。按照正常的逻辑，蜻蜓应该火速离开这个不安全的地方，但是，它却无动于衷，依然悠然自得地停在石头上。之所以这样，是因为以往它遇到蜥蜴都能够平安地逃脱。

蜻蜓认为，蜥蜴是爬行动物，要想抓住自己简直是痴心妄想。因此，每次遇到蜥蜴它都不慌不忙，等休息够了才会飞走。可惜这次是个意外。蜥蜴如一条黑影般快速扑了过来，终结了蜻蜓的生命。

作为飞行高手的蜻蜓怎么也想不到会栽在这只不会飞的蜥蜴手上。这就是经验带给蜻蜓的血淋淋的教训。

自己成功的经验，抑或他人成功的经验是一笔宝贵的财富，但是，如果过分相信和依赖这种经验，而忽略了客观现实，那么迟早要付出代价，掉进经验的陷阱里。

经验为什么会变成陷阱呢？概括起来，主要有以下几个原因：

首先，事情是不断变化和发展的，你从课本或他人那里学会的经验并不完全符合当前的情况。当然，我们并不是否认经验的正确性，而是强调应该具体问题具体分析。

其次，科技日新月异，唯有敢于突破经验的束缚才能有所建树。科学技术的不断发展告诉我们，如果一味地因循守旧，遵循固有的经验，必然被淘汰。

最后，经验是人们通过不断实践和学习获得的财富和智慧，因此你应该根据自己的能力持续学习，并适当作出改变，以适应新的局面。如果只相信课本或他人的经验，就有可能在工作和生活中栽跟头，步入经验所编织的陷阱里，失去方向。

没有人一生下来就会处理事情、解决问题，唯有不断学习和实践，才能持续进步。

【顶级思维模式】

经验是一把双刃剑，智者善于利用经验并勇于创新，而愚者则盲目相信经验，以至于落入经验编织的陷阱。

销售人员要掌握丰富的产品知识

随着现代社会的飞速发展，人们在提升生活水平的同时，对知识也有了极大的渴望和追求，所以各行各业都需要知识型人才的出现。

对销售人员来说，整日接触的客户大多接受过良好教育，他们不仅有着更多的需求，也有着更尖锐和专业的问题等待着销售人员解答。在这个全民提升素养的时代，销售人员如果不能跟上时代的要求，掌握丰富的产品知识，全面提升自己，迟早会被社会所淘汰。

销售人员一定要意识到现代社会的格局和客户的需要，热忱的服务和优良的产品质量固然重要，但专业的产品知识也是不可或缺的。有意识地督促自己，学习和掌握产品背后的知识，成为能帮助客户解决问题的专家，这是一个成功的销售人员必须迈出的一步。

克拉克森·琼斯在卡罗莱纳柏油公司任职期间，由于前七年一直负责督导工作与操作重型机械设备，所以对产品的各方面知识都非常了解，这为他日后的工作打下了基础。之后，克拉克森·琼斯选择挑战自我，转为一名销售人员。因为他对产品的各方面都有详细的了解，与客户商谈时能够解答客户提出的各种专业问题，所以拿下了许多订单，且都与顾客建立了长期联系。

对于自己目前的成绩，琼斯这样说："我是一个把事情完成、服务周到，并且知道如何帮客户解决问题的人。客户自然而然就被我吸引过来了。"而且他也坦然承认，正因为有之前工作的积淀，才有了自己现今的成就，二者是分不开的。

从这个故事可以看出，想要成为一名优秀的销售人员，专业知识储备非常重要。销售人员在了解、熟悉产品之余，更要努力成为这方面的专家。因为在与客户进行洽谈之时，面对客户提出的问题，你能应对自如地给予解答，给客户留下的第一印象就是，你不仅仅是一个优秀的销售人员，更是随时能够帮助他们解决问题的专业人士。

销售人员在自己的工作领域，如何提升专业技能？第一，销售人员要深入了解公司的内部环境，向生产部门的同事询问关于产品生产的专业知识，向售后服务部门学习如何解决各种疑难杂症等；第二，去书店和图书馆购买和阅读相关方面的书籍；第三，抽时间参加此行业举办的专业会议；第四，花时间将自己从各方面收集来的信息做一个汇总整理，筛选出重要信息，加强记忆。

面对客户，你只有毫不迟疑地回答对方提出的问题，有丰富的专业知识储备，才能为自己加分，让客户知道你不仅是一个销售人才，更是一个专业人才，与你合作绝对能获得美好的体验。在互惠互利之余，还能得到满意、放心、无后顾之忧的服务。

【顶级思维模式】

今天，无论你从事任何行业，都必须掌握专业的知识、技能，才能胜任岗位要求，取得出色的业绩。把知识转化为财富，实现价值变现，已经成为当下的发展趋势。

分类看世界导致思维狭隘

人们经常说：物以类聚，人以群分。这句话其实也反映了众人的心理，人们习惯将各种事物分门别类，以便于区别对待。

美国的加利福尼亚州，小杰克出生了。由于父母性格不合，在小杰克三岁的时候，父母就离婚了，母亲爱丽丝独自抚养孩子。

等到杰克到了上学的年纪，爱丽丝看到身居闹市中的儿子根本无心学业，仍然跟着一些小商贩在市井中游荡，不禁忧心忡忡。为了能给儿子一个好的学习环境，她不辞劳苦搬离了老家，迁居到一处环境优美的地方。

但是，没过多久，爱丽丝发现儿子经常跟随逐渐熟悉的小朋友一起去不远处的坟墓，去哪里看形形色色的人哭泣。爱丽丝非常苦恼，她不能眼睁睁地看着儿子整天游荡。为此，她狠下决心，终于决定再次搬家。在搬家之前，她前后打听，终于找到一处非常满意的地方。那里临近学校，有很浓的学习氛围。

虽然搬家劳苦，但是爱丽丝从来没有抱怨过。因为，她始终坚信：近朱则赤，近墨者黑。

每件事情都有各自的乐趣，没有必要较真哪种行业是最好的。自认为最好的，这是长久的经验得来的，未必每个人都认为是好的。在做出某种选择的时候，必然也会伴随着失去另一种人生所带来的丰富多彩。

有人说，人为什么乐此不疲地活下去，意义就在于阅历，尝试各种没有尝试过的东西，丰富自己的人生。但是将世界分门别类进行划分，无疑是与之相矛盾的。

既然这样，为什么仍然有些人乐此不疲去分门别类呢？这是出于什么心理呢？

在社会心理学中，有一种相互吸引效应。人际交往中，人们对相似的或者熟悉的东西更加容易抱有好感，对不同类或者不熟悉的人持一种远离的态度。这就是直觉的相似性原则。当然，这种心理是非常容易理解的，在人的意识中，肯定倾向于自己能够把握的，或者熟悉的人和事。一些不能够控制，不熟悉的事情很有可能会让自己出丑。出于虚荣心理，你会选择哪种呢？

生活在底层的人，想要跨进上层又何曾容易？首先，和富人交流时，就需要很大的勇气。因为两者存在社会阶层的差别，所谈论的话题有天壤之别。在穷人的世界中，谈论最多的就是如何解决温饱问题，但是富人完全没有这个担心，他们想的是如何让钱生钱，这就是两者的差别。显然，你如果不和富人交流，就会永远挣扎于贫困之间。如果勇敢跨出第一步，可能你的思想也会发生转变，掌握赚钱的另一种思维。与富人交流，开拓的是一种视野。

面对不熟悉的事物，因为勇于尝试，就会化难为易。如果没有勇气尝试，可能永远处于一种懵懂的状态。

每天都发生巨大的变化，如果固守着自己原有的思维，肯定会被时代甩下。这就是分类看世界带来的弊端，你永远故步自封，无法追新逐异，无法全面地认识这个世界。

当然人们可能说，“近朱者赤，近墨者黑”。长时间和品质差的人在一起，可能自己的品格也会变坏。当然不排斥这种可能，但是你不能保证所谓赤的人在一起就不会变质吗？答案当然是否定的。奥巴马当选美国总统的时候，超出了人们的预料。在人们的心中，黑人似乎总是与智商低、品质低下、愚蠢、贫穷联系起来。但是，奥巴马的成功改变了人们的看法，黑人也有优秀代表。正如自称为优等人的白种人，也时常偷窃、嫖赌，事事无绝对。

为此，想要正确、全面地了解这个世界，必须抛弃长久的思维定式，断然不能采取分门别类的做法。那么，怎么才能避免这种分类看世界的思维定式呢？

第一，每天逼迫自己了解陌生的事物。人们在内心深处总是认为陌生的都不值得信任。实际上并非如此，正是因为时代的进步、认知的发展，人们开始深层次地理解从前没有认识到的事物。很多陌生的事物，在众多人看来早已不足为奇。为此，每天去了解一些新鲜的事物，会发现很多有趣的东西。可以看看新闻，刷刷页面，不经意中你对很多东西会有一种全新的认知。你的眼界将不局限于目前，思维也会更加活跃。

第二，打破阶层意识，和不同的人交往。每天，尝试和不同类型的人交流，你会了解到许多不知道的事，在谈话中碰撞出全新的火花。久而久之，你会发现自己开始喜欢和不同类型的人交往，在他们那里你看到了连想都没有想过的事情。你会乐于交往，和人交流，分享自己的心得。你的世界将不再是狭小的，而是广袤无边。眼界开阔以后，面对工作中很多棘手的事情，你会从另一种角度着手，让难题迎刃而解。

【顶级思维模式】

知识是我们认识世界的助手，而不应该成为一种牵绊和束缚。打破分门别类看世界的思维定式，你会发现无限可能，从而获得不一样的认知。

第06章　格局思维

思路决定出路，格局决定结局

为什么你懂得很多道理，却依然过不好这一生？并非你不够努力，也不是怀才不遇，而是你的格局装不下梦想。思路决定出路，格局决定结局。无论从事什么行业，无论在任何时刻，获取竞争优势的关键是拥有超人的格局思维。

格局是配置资源的优先级

什么是格局？它是人们在不同规模、不同人群、不同空间、不同时间等不同维度下，定义未来的坐标、权衡利弊的角度，也就是配置资源的优先级。换句话说，一个人的格局就是“站多高便能看多远”。

格局影响着一个人的行为选择，并决定了他的人生之路。事实上，每一个选择都在创造属于自己的人生，虽然你无法预测最后的结果。显然，“格局”体现了一个人做出取舍的境界高低。

韩信很小的时候就失去了父母，主要靠钓鱼维持生活，屡屡遭到周围人的歧视和冷遇。有一次，一群恶少当众羞辱韩信，其中一个屠夫说：“你虽然长得又高又大，喜欢带刀配剑，其实胆子很小。如果有本事，你敢用配剑来刺我吗？如果不敢，就从我的裤裆下钻过去！”

当时，韩信自知形只影单，硬拼肯定吃亏。于是，他当着众多人的面，从那个屠夫的裤裆下钻了过去。蒙受胯下之辱，围观的人都觉得不能忍，但是韩信选择了忍耐一时，吞下了委屈。

围观的人认为，为了维护面子绝对不能忍受屈辱；韩信认为，奋起反击虽然能够维护颜面，但是会遭受巨大伤害，甚至丢了性命，那就失去了一切。考虑到未来的收益，韩信选择忍辱负重，放弃了一时的意气用事，他显然是一个有大格局的人。

每一刻，你都在自己的人生坐标中不断地进行选择。取，是一种领悟；舍，是一种智慧。具备应有的格局，掌握配置资源的优先级，是为人处世的至高境界。舍小取大，着眼未来，是大格局的表现。

“取”、“舍”二字寓意深刻，包含了无尽的学问：有取有舍，不舍不取，小舍小取，大取大舍。取舍不仅是一种生活的哲学，也是一门生存的艺术，是选择、承担、忍耐、痛苦与喜悦的达观境界，而它依托于人的格局。

英国著名诗人雪莱说：“如果你想凌空飞翔，又不舍得羽毛受一点损伤，过分珍爱羽毛，那么你将失去两只翅膀，永远无法飞上蓝天。”格局大的人拥有一份成熟，知道如何进行取舍。有时只有放弃，才能跨越自我，如果强求不属于自己的东西，终有一天还会失去，带来的意外伤害却要用一生来疗伤。敢于果断放弃一些东西，反而是明智的做法。

许多东西看起来对立，实际上是统一的，最重要的是站在一定高度洞悉未来，学会舍得。有大格局的人准确把握配置资源的优先级，因此在正确抉择之后尽享成功喜悦，幸福快乐地生活。

【顶级思维模式】

生活中的舍与得无处不在，每个人的心间、天地之间、万事万物皆存在进行选择的关键时刻。有大格局的人不拘泥于一时、一地的收益，而是着眼全局、把握趋势，在配置资源中确保未来的利益最大化。

既要有野心，也要保持理性

不想当元帅的士兵不是好士兵，不想成就大业的人不是英雄。正如恺撒所说：“贫穷并不可耻，可耻的是安于贫穷而不思改变。”

一个人如果想成就大事，必须有大格局，必须做不安于现状的“野心家”——不仅追求财富、声望，更在这个过程中实现自己的价值，做出惊天动地的事业。

本田技研工业公司是世界上最大的摩托制造企业，可是它创始初期，只有一间破旧车间，员工们都看不到成功的希望，只有企业的主人本田宗一郎站在一支破旧的箱子上对众人高喊：“我们要造出世界上第一流的摩托车。”

当时，没有一个员工相信这句话，但是本田本人却充满信心。然而，他一直以这样的目标鼓舞、激励员工，最终大家被他的热情感动，齐心协力朝着一个目标奋斗，终于使本田的产品达到了世界一流。

雄心壮志对一个人之所以重要，关键是它能够影响到一个人的士气。一个暮气沉沉的管理者，无法领导一个朝气蓬勃的企业。世界上优秀的创业者，大都是富有活力的年轻人。为什么？就是因为红火的事业需要红火的青年。

研究创造行为的心理学家，将野心看作一种最有创造性的兴奋剂，他们相信野心在本质上就是充满活力的品质。一位哲学家说：“自我实现是人类最崇高的需要之一。它从来都是人生的兴奋剂，是一种抑止人们半途而废的内在动力。自我实现的欲望越是强烈，一个人在他生活旅途中就越是信心百倍，成果卓然。”

表现在创业之路上，就是经营者要敢于“大胆下注”。因为，健康的野心乃是创业者带领团队成员把事业做强做大的伟大力量。

但是，野心更要建立在理性思考和行动的基础之上，这是事业能否做强做大的分水岭。投资大师沃伦·巴菲特说：“在别人贪婪的时候恐惧，在别人恐惧的时候贪婪。”这就是强调理性在商业活动中必不可少。

很多人在获得成功之前，都有过一段艰苦奋斗的历史，他们在困难面前能够保持乐观情绪和坚强信心。但是事业进入高速发展期以后，其中一些人往往头脑发热、忘乎所以，以至主观决策失误，最后遭遇重大挫折。这都是野心膨胀、理性不足带来的恶果。

有大格局的人懂得避免大而无当的尴尬和危险，他们在持续奋斗的过程中既保持热情、坚守理想，也极力避免过于理想化，注意防范各种风险，努力做好下面几点。

第一，对自身实力以及外部环境做出正确、科学估价，为下一步行动进行正确评估；

第二，切忌急功近利，被眼前利益牵着鼻子走，注意积蓄力量，做好扩张或高速发展的准备；

第三，在投入一种扩张行动之前，必须仔细规划总的方针和策略，确保行动万无一失；

第四，充分注意计划的实施和专有技术，以及其他方面的细节，让计划在彻底执行中落地。

【顶级思维模式】

一个人既要有野心，但更要理性。当事业高歌猛进时，保守稳重，处进思退；当事业陷入危机与低谷时，告诫自己不要消沉下去，积极进取，争取再创辉煌，这样才是有大格局的表现，才有希望把事业做大。

气度决定人生的宽度

苏格兰著名历史学家卡莱尔说："一个伟大的人，以对待小人物的方式，来表达他的伟大。"伟大的人大多气度不凡，无论面对怎样的人和事，都能保持应有的潇洒和风度。

具体来说，"气度"是指气魄和风度。有气度的人心理素质强，做人有魄力，做事有章法，处处令人赞颂。气度是一种胸襟和风度，也是一种人生境界。一个人的气度决定了他的精神与事业高度。气度越恢弘，那么格局就会越开阔，事业也会不断提升。

青年时代，林肯曾在印第安纳州的鸽溪谷定居。当时他年轻气盛，总是喜欢当面指责别人，甚至经常写诗嘲讽对手。不久，他与人发生冲突，并准备决斗。最后，在朋友劝说下才收手。

经历这件事后，原本口无遮拦的林肯清醒了许多。他没想到自己的嘲讽竟然招致这么严重的后果，而这件事也给了他一个极其宝贵的教训。他决定永远不再写凌辱人的文章，也永远不再讥笑他人。也是从这时起，林肯几乎不再为任何事而批评他人。

气度是一种从容的心态，是内心的胜利。成就大事的人总有非凡的气度，而气度非凡者也必将成就大事。一个心胸开阔的人，能忍人所不忍，容人所不容，在逆境中保持沉稳，在顺境时保持清醒。

决定人生成败的因素很多，气度无疑是重要的一个。许多时候，气度决定人生的宽度，也掌控了人生的高度。气度是一种智者的选择，不被外物干扰，才能避免更大的灾祸。

在政治舞台上，懂得功成身退的人更能获得圆满的结局。有大格局的人能够放下名利、权位，从而展示出非凡的气度和智慧。格局大的人能超越自我，看清一切，因此让人生的维度更宽泛，在关键时刻做出正确抉择。

气度是一种能力，是一种修养，充分展示了一个人的格局大小。气度的最高境界是放下、忍让，在关键时刻知进退、明得失。气度非凡之人，总在一忍与一静之间怀抱成功。与其埋怨自己生不逢时、怀才不遇，不如反求诸己，训练自己在逆境中的忍耐之心与宽阔胸襟。

如果陶渊明舍不得荣华富贵，就会在官场中磨掉志气与才情，无法为后人留下那一篇篇文风清新、意境悠远又富含哲理的诗文，也无法成为后世的“隐逸诗人之宗”。人生际遇充满了未知数，有气度的人总能获得良好的结局。

胸襟和气度有时候是一种抗压能力，扛过去了，就能看到明天，就能开拓未来。败下阵来，就只能停留在现有的高度，然后不断倒退。人生的高低起伏是由本人的胸襟和气度决定的，有多么开阔的胸怀，就能容纳多么开阔的天地。

【顶级思维模式】

“气”有大气、小气，因此人生有成败、得失。有气度的人胸怀宽广，宰相肚里能撑船，所以能办成很多大事。如果无法承受被误解、被打压、被奚落的痛苦和烦恼，注定难有大格局。

成大事的人都有“出格”的举动

很多人习惯把事情定在一个界限之内；一旦不能突破，就会退缩到安全的边界中，并告诉自己：“算了吧！我已经无能为力了。”这种习惯性的自我设限，其实是一种墨守成规的心理在作怪。

在日常工作中，如果思考方式、办事理念都始终停留在原始状态，不曾作出改变，自然无法适应环境变化，也无法有效提升工作技能，施展个人才华。研究发现，一旦被墨守成规的思维方式控制，人们对工作中各个问题的判断、理解就会局限在特定范畴内，跟不上节拍，与周围环境不协调。

有大格局的人敢于做出改变，告别墨守成规的心理。他们在实践中灵活变通、大胆尝试，不会沿着一条道路走进死胡同。多接触成功人士会发现，他们的心灵都是开放的，对新事物保持着高度热情，从不拒绝来自外界的批评声音，并乐于进行各种尝试。他们与周围的环境，以及整个时代共进退，所以随时都能迸发出伟大的创意与智慧，在自己的行业中成为佼佼者。

大学毕业后，丁磊回到家乡，在宁波市电信局工作。最初的一段时间，工作稳定，生活也很安逸，房子、工资、福利待遇都很好。这种生活让父母满意，令朋友羡慕，但是丁磊却不安于现状。他想到了创业，有一番作为。

“想到就做到，不做连难度都不知道”，正是基于这样的心态，丁磊毅然从电信局辞职了。不出所料，这一举动遭到家人的强烈反对。不过，丁磊去意已决，他认准了自己的选择，就不再回头，这种胆量不是一般人能有的。

在电信局两年，丁磊最大的收获就是搞懂了 Internet 是怎样一回事，掌握了 TCP / IP 技术的基础，也真真切切地感受到，互联网必将是一个巨大的市场。1995 年的浙江并没有一个做 IT 的好环境，比较保守。而丁磊把“在电信局构建互联网”的想法向领导提议，结果未得到采纳，由此他下定决心辞职，并南下寻找机会创业。

那个时代，虽说当时下海成为一种潮流，但像丁磊这样完全与单位脱离关系的人很少，大部分人都还保留原单位的公职。为了互联网的梦想，丁磊敢于舍弃这一切，在当时保守的人们中间，实在不容易。十几年后的今天，我们再回顾丁磊当年所走的路，那不经意的一小步却是他人生的一大步，也是中国 IT 行业的一大步。

试想一下，如果当年丁磊不是胆子大，毅然辞职下海，那么他也许会成为电信行业的一名业务骨干、高级工程师；但是无论如何，他都无法与今天的 IT 英雄挂钩，也就不会有在中国互联网行业占有一席之地的网易。

美国有一句谚语：“勇敢里面有天才、勇气和魔法。”勇气喜欢跟利益联姻，因此胆子大的人敢于行动，比他人更能发现机会，并在行动成完成人生的跃进。有大格局的人都善于狠下心开除自己——放弃已有的成就、地位、财富，朝着更高的山峰攀登。正所谓，胆识是成功的第一关键。

强者之所以能成大事，就是因为他们常有出格的举动。任何领域的领袖人物，他们之所以能够成为顶尖人物，正是由于勇于面对风险。美国传奇式人物、拳击教练达马托说过："英雄和懦夫都会有恐惧，但英雄和懦夫对恐惧的反应却大相径庭。"

第一，足够狠，才会与胆怯决裂。

日本三井物产株式会社社长上岛重二说："想到就做到，不做连难度都不知道。"大凡成功者都有某种程度的赌性，没有冒险，巨大的成功来得总是太慢。一个人是不是够狠，看看他的胆量和魄力就知道了。

第二，只要值得，就去"试一试"。

要想知道梨子的滋味，就要亲口去尝一尝。这其实是再简单不过的道理，不行动永远不会有结果。弱者之所以弱，很多时候不是因为没有梦想，而是没有去把梦想变成现实。

【顶级思维模式】

生活的最大成就是对自己不断改造，在持续努力中悟出成功的真谛。有大格局的人敢于冒险，告别墨守成规的心理窠臼，敢于创新和变通。

格局都是被委屈撑大的

一颗沙粒进入了蚌的体内，蚌被硌得很疼，于是拼命地把沙排出体外，可惜失败了。蚌受到委屈的时候，决定改变策略，它逐步分泌一些物质把沙粒包起来。时间久了，沙粒就变成了美丽的珍珠。

没有人能随随便便成功，眼前的荣光与璀璨都是靠努力、奋斗换来的，背后究竟受了多少委屈，很少有人知道。最重要的是，无论面对怎样的局面，都要放大格局，千万不能抱怨、退缩，表现出一副弱不禁风的样子。

吞下了委屈，才能喂大格局。许多人在人际交往中一筹莫展，或者在工作上屡屡受挫，根源在于他们心理脆弱，对外界的风吹草动不具备应对能力、适应能力和变通能力。无法承受苦难、挫折和打击，这样的人注定难有作为。

南非历史上第一位黑人总统曼德拉，有过非凡的奋斗岁月。早年，他为了推翻南非白人种族主义统治，进行了长达50多年艰苦卓绝的斗争，后来入狱28年。

在监狱关押期间，曼德拉被囚禁在大西洋的一个荒凉小岛上。虽然已届高龄，但是他在狱中仍然遭受了严酷的劳役与虐待。后来，国际社会不断为他发声，终于令其在27年后重获自由，并获得了诺贝尔和平奖。

曼德拉在总统就职典礼上，邀请了当年看守他的三名狱卒观礼，这一做法震惊了世界。对此，曼德拉说："那段牢狱岁月让我学会了控制自己的情绪，也学会了处理苦难带来的痛苦。"虽然遭受了极大的委屈，但是曼德拉并没有对三名狱卒心生怨恨，反而邀请他们见证人生的辉煌时刻。

在众目睽睽之下，三名狱卒起身对曼德拉表达了深深的敬意，也令在场及全世界的人肃然起敬。曼德拉不愧为时代伟人，自始至终展示了非凡的气度和格局。

胸怀和格局都是被痛苦和委屈撑大的，受得住委屈才能成就不一样的人生。匹夫之勇可以逞一时之能，泄一时之愤，心里痛快了，面子风光了，但事情却搞砸了，后果无法弥补。君子之勇吞下了委屈，撑大了格局，忍了一时，却得了一世。

在草原上有一种吸血蝙蝠，它们经常叮在野马脚上吸血。野马觉得很不舒服，就想把它们赶走。可是这些蝙蝠就像苍蝇一样，根本轰不走，野马就暴跳狂奔，结果大多因为暴怒和狂奔而死。

做人不能像野马那样，受不得一丝委屈和痛苦。一个人内在的大格局，一定是经过情感和事业的打磨之后，才撑起的内里乾坤，从而成就了大胸怀，让一个人越过小溪奔向大海。

在漫长的一生中，人们或多或少都要受点儿委屈。小时候，总觉得受委屈是吃亏，用满脸的眼泪对人生的不公进行回击；长大后，反而会由衷地感谢那些委屈，是它们让自己变得更出色。

面对委屈时，真的不需要太在意旁人的眼光，只要记得永远对自己负责即可。在追梦的道路上，既要有坚韧的执着，也要有回眸一笑的洒脱。“心大了，事就小了”，将目光放在梦想能抵达的远方，你就能身无羁绊，轻盈走过万水千山。

【顶级思维模式】

受不了一点儿委屈的人，永远懦弱无能；从来不肯吃亏的人，往往什么也得不到。伟大是熬出来的，受得了多大的委屈，就做得了多大的事；受得了多大的诋毁，就能承受住多大的赞美。

有大格局的人，不为小事抓狂

很多时候，人们总觉得身边有“时间盗贼”，没做多少事情，一天就过去了。忙忙碌碌，年复一年，业绩却寥寥无几。这是因为你把 80% 的精力花在了只会取得 20% 成效的事情上，做事不分主次必然导致效率低下。

作为美国第34任总统，德怀特·戴维·艾森豪威尔是继格兰特总统之后，第二位职业军人出身的国家元首，曾获得过很多第一。为了应付纷繁的事务，并高效处理问题，他发明了著名的“十”字法则，画一个十字，分成四个象限，分别是重要紧急的，重要不紧急的，不重要紧急的，不重要不紧急的；然后，把需要做的事情分好类放进去，再按主次采取行动，从而让工作、生活高效运行。

有大格局的人像艾森豪威尔一样，具备宏大的视野，内心沉稳淡定，不会为小事乱了分寸。他们做事认清“本末”、“轻重”、“缓急”，并按正确的顺序行动，因此表现出科学的计划性、高效的行动力，值得信任和倚重。

安然是一家公司的秘书，日常工作是撰写、整理、打印材料。很多人认为这份工作单调乏味，但她却说能够从中学到很多东西：“检验工作的唯一标准，就是你做得好不好，而不是其他因素。”

因为深知做事情分清主次才能出效率，所以安然在工作时很注重条理性。虽然工作繁杂，但她做得井井有条。后来，安然发现公司的文件存在很多问题，甚至经营运作方面也存在明显不足之处。于是，除了每天必做的工作之外，她细心搜集了一些资料，并把它们整理分类，然后进行分析，写出了改进的建议。

两个月之后，安然把自己的建议交给了老板。起初老板并没有在意，后来无意中看到那份建议，读完之后非常吃惊。他没想到这个不起眼的年轻秘书，居然对公司的事情这样上心，有这样缜密的心思，而且她的分析主次分明，细致入微。

于是，老板立即召开中层人员会议，讨论并采纳了安然的大部分建议。结果，公司的运营效率提高了，挽回了许多不必要的损失。老板认为公司有安然这样的员工是一种福气，因此对她委以重任。

生活、工作中总有一些小事令人抓狂，如果不能静下心来找到妥善处置的良策，注定会陷入恶性循环。心思缜密、着眼大局的人善于发现事物的规律，主动提升办事的效率。他们懂得分清主次、轻重、先后，学会抓重点、抓中心、抓关键，由此找到了高效做事的诀窍。

反之，一个人格局太小，遇事稍微不顺心就乱了分寸，失去冷静思考的能力，注定不会赢得信任，失去被委以重任的机会。在上面的故事中，如果安然不能静下心来做好秘书工作，不主动改进工作流程，显然无法得到公司的赏识。

没有人生来就会干大事，都是从点滴开始起步的。先把小事做好、做到位，在日常事务中磨练心性、积累经验，日后才能成为该领域的专业人士，展示出相应的管理与领导能力。一个人如果连小事都做不好，如何有更大的担当呢？

高效地做好一件事情，做精一件事情，需要懂得合理分配时间，利用好最关键的资源，并做到重点突破。那么，如何分清主次，提高做事效率呢？

首先，应该将事情归类。把每天要做的事情写在纸上，按照艾森豪威尔法则进行归类，包括必须做的事情、应该做的事情、量力而为的事情、可委托他人去做的事情、应该删除的事情等。

其次，确定必须做的事情由谁来做。是否必须由我做？是否可以委派别人去做，自己只负责督促？把这些问题考虑清楚，下一步才会有方向感。

最后，合理分配时间。高效能人士用80%的精力做能创造更高价值的事情，用20%的精力做其他事情。所谓创造更高价值，即做符合“目标要求”或自己比别人更擅长的事情。

【顶级思维模式】

有全局观的人懂得抓大放小，不让无足轻重的小事影响心情、左右局面。为此，内心要有一盘棋，集中精力抓主要矛盾、解决关键问题，避免把时间花费在次要的事情上，最终提高办事效率。

输得起，你的人生才有未来

如果说立志是播下种子，工作是辛勤地浇灌，那成功就是结下果实。但是，并不是所有的付出都会有相应的回报，挫折、失败总是难以避免。人生有时像个大赌局，谁也不可能赢一辈子，关键是你要输得起。

有的人无法承受挫折，一旦遭遇经济上、生活上或名誉上的失败，思想就崩溃了，进而一蹶不振，这样的人显然格局不大。在人生的竞技场上，即便输了也不能灰心，更不能自暴自弃。输了，还可以重新再来，只有拼过了才算真正活过。

有大格局的人能从不幸中站起来，拥有宽阔的心境和优良的心理素质。富兰克林说："有耐心的人才能达到他所希望的目的。"任何事业都不会一帆风顺，通往成功的大道上会遇到许多"绊脚石"，输得起的人永远不会低头，永远笑到最后。

阿伯拉罕·林肯是美国历史上最伟大的总统之一，他的成长道路并非一帆风顺，而是充满了艰辛。拥有远大志向，始终积极进取，林肯一步步迈向了成功的顶点。

1832 年，林肯失业了，尽管十分伤心，但是他坚定信心，立志成为一名政治家。然而在竞选州议员的活动中，他没有成功。接着，林肯尝试创办企业，谋求长远发展，但是一年以后，企业倒闭了。此后近 20 年间，他一直为偿还企业债务而到处奔波。

后来，林肯成功竞选州议员，然而在竞选州议会议长、美国国会议员的道路上又遭受了挫折。面对生活的挑战，他没有放弃，仍旧以积极乐观的精神投入到新的工作中去。1846 年，他竞选国会议员获得成功，却在竞选参议员、美国副总统提名又反复遭遇打击。直到 1860 年，林肯才登上美国总统宝座。

一生遭遇 9 次重大失败，却仍能登上权力的巅峰，这就是志向远大、隐忍进取的阿伯拉罕・林肯。他一直没有放弃自己的追求，始终做个人命运的主宰，成为后人拼搏进取的榜样。

如果把人生比作一场赌博，那么年轻时可以肆意挥洒筹码，无论压大压小，无论是赢是输，都有机会重新来过。因此，在这个输得起的年纪里，你要做的就是抛弃恐惧的情绪，勇敢地做自己。

也许周围的人和事会影响你的判断，左右你的心情，但是永远不要让他人安排你的命运。人生就是一场探险，只有勇敢做自己，才能收获渴望已久的东西。即便在探险的过程中，你没能找到宝藏，但是仍旧会收获其他珍宝，比如友谊、勇气和回忆。

显然，害怕某些东西，是一种正常的心理。关键是，别让它长期控制你。人生只有一次，青春只有一次，不去勇敢尝试，永远无法成就非凡的自我。在输得起的年纪，活出人生精彩，人生才不会留下遗憾。

莎士比亚说，在命运的颠沛中，最可以看出人们的气节。生活的一切都是一次美好的经历，输得起，放得下，淡定面对，方为格局人生。

成长就是一个不断犯错的经历和过程，不要拒绝经历，也不要害怕犯错。生命中的每一天都是充满魔幻的奇遇，遇人，遇事，遇自己。永远对世界充满好奇，永不倦怠，相信每一次遇见都是经历，每一段经历都是收获。

【顶级思维模式】

胸怀是靠委屈撑大的，格局是靠经历垫高的。这个世界没有永远的赢家，输也要输得有格调，千万不要哭哭啼啼。人生本就是一场赌博，愿赌服输才令人肃然起敬。

第07章　逻辑思维

在推理游戏中变聪明

提到“推理”，几乎每个人都会想到大名鼎鼎的福尔摩斯。然而，真实的逻辑推理并非神秘莫测，更多情况下是根据几个已知的条件，经过层层推理，最后还原真相。推理是对人类逻辑思维研究和利用的过程，看看侦探专家的推理故事，你会豁然开朗。

归纳推理

所谓“归纳推理”，就是从个别事例中推出一般性的结论。在逻辑推理上，它与演绎推理相对应。下面举一个数学上的例子。

众所周知，直角三角形的三个内角之和是180度，锐角三角形、钝角三角形也遵循同样的原理。由此得知，不管是直角三角形、锐角三角形还是钝角三角形，都是三角形。

这一结论是从个别结论得出一切三角形的内角之和都是180度，最后得出的是一个一般性结论，这就是归纳推理。那么，数学中的归纳推理怎样运用到了侦探专家手中呢?

在众人眼中，乔伊和史蒂芬是一对貌似十分恩爱的夫妻。虽然偶尔小打小闹，但并不影响他们在众人眼中的良好形象。

突然有一天，史蒂芬在乔伊的公文包中发现两人分别买了份巨额人身保险，受益人分别是彼此。史蒂芬感到非常意外，因为乔伊通常根本就不屑买保险。而这次，他不但没有经过史蒂芬的同意，而且参保的金额也非常巨大。史蒂芬虽然感到意外，但是丈夫已经买了，也就不再说什么。

夏天的傍晚，天气仍然非常炎热。乔伊突然心血来潮，提议带着史蒂芬出去吃饭，既凉快又方便。乔伊在旁边一边打游戏，一边等着慢腾腾洗澡的史蒂芬。等得不耐烦了，他来到了领居家，看看满院子的花草。

又等了差不多半小时左右，乔伊感觉史蒂芬差不多洗完了，就返回自己家中。令人吃惊的一幕发生了，史蒂芬躺在地上，手里还拿着吹风机。乔伊大叫一声，赶紧冲进了屋子。这时候，邻居听到了惊叫声，也来到了乔伊的家中，看着倒地的史蒂芬顿时知道情况不妙。

邻居迅速关掉了电闸，呼叫了救护车。这时候，让邻居非常吃惊的事情发生了。乔伊不停地揉搓着史蒂芬的胸脯，另一只手不停地抚摸着史蒂芬的手。邻居吃惊地问乔伊是怎么回事，乔伊慌忙说这是他在电影中看到的，这样有助于帮助触电者死里逃生。邻居云里雾里，慌乱中也帮着一起按摩史蒂芬身体的各个部位。

当医生确认史蒂芬已经死亡之后，乔伊大哭大闹。他说不可能，她明明还有呼吸，并且还不停地揉搓史蒂芬的身体。医生无奈，送到医院之后，确认史蒂芬早已死亡了半个小时。由于史蒂芬的意外死亡，警察也介入了调查。

警察并没有得到什么有用的证据，仅仅知道两人都是电盲，史蒂芬洗完头发后经常用吹风机吹头发，而乔伊平常根本不用。由于插孔不太好用，平常都是乔伊用螺丝刀帮助史蒂芬将插头接通电源。可是今天乔伊不在家,加上螺丝刀的塑料部分早已剥落,所以史蒂芬的悲剧在所难免。

得知事情的来龙去脉以后，警察尽管仍然怀疑，但是基于没有什么实际的证据，只好作罢。准备离开的时候，邻居的一句话却让警察又再细细斟酌起了事情的来龙去脉。

随后，警察回到办公室，将事情的原委告诉了上司，并将邻居的话也和盘托出。上司基于这些证据，想到乔伊买的天价保险突然醒悟，这是一场蓄意谋杀。史蒂芬的死亡，最终受益者就是乔伊。乔伊不会无缘无故买保险，而且买的是那种赔偿额巨大的保险。史蒂芬是电盲，所以螺丝刀的塑料部分脱落与乔伊有着紧密关系，是他蓄意将塑料刀处理得看上去像自然脱落，而不断揉搓史蒂芬是在毁灭证据。

上司将这些事情归纳在一起，认定这是一场蓄意谋杀案，而凶手正是乔伊。乔伊面对警察缜密的推理，无话可说。面对贪心，很多人都会有丧失本性时候，做出有违人性的事。

这场案件之所以能够顺利地破解，正是因为警察运用了归纳推理，将看似毫无关系的事情联系在一起，得出正确的结论。归纳推理的基础在于巨额保险，关键是保险的直接受益人。做任何一件事，肯定有缘由。正是乔伊贪念巨额保险金，为此设下了一个个圈套。看似毫无关联，但是将这些事情结合起来，就能发现真相。

【顶级思维模式】

归纳推理是从认识研究个别事物到总结、概括一般性规律的推断过程。在进行归纳和概括的时候，解释者不单纯运用归纳推理，同时也运用演绎法。在人们的解释思维中，归纳和演绎是互相联系、互相补充、不可分割的。

三段推理

三段推理直接来源于哲学家亚里士多德，其中的经典论断是：第一段："每个人都会死亡"；第二段："苏格拉底是生活在地球上的人"；第三段："由第一、二段推出苏格拉底也将会死亡。"这一例子虽然简单，却非常明确地阐明了三段推理的道理。

在侦探专家手中，这一推理经常被用在侦破案件中。即使非常有名的福尔摩斯——柯南，也经常使用三段推理来侦破案情。因为屡试不爽，在侦破案件时，三段推理术成为了必不可缺的破案手段之一。

一段时间以来，美军为了赢得战场上的胜利，研究所正在马不停蹄地制定破敌新方案。

这一天，总工程师来到科研所，准备将最近研究出来的新方案和高层协商一下。为了能够保证方案的严密性，特地选择了星期天，并且科研所也加强了警备力量。

下午 4 点的时候，会议开始了。会议开到一半，总工程师想喝水，但是不慎将钢笔掉在了地上，为此他赶忙弯下身拾起钢笔。低头的瞬间，他意外地发现桌子下面竟然安装着一只小型的录音机。总工程师赶紧停止了会议进程，并且立即报警。

警察迅速赶到，然后打开录音机，听了听里面的录音。前 3 分钟根本没有任何声音，3 分钟后开始有轻轻地关门声。10 分钟前，参会者陆续进入会场，哒哒的皮鞋声响了起来。警察通过了解情况，判定录音机的安装时间大概是下午 3 点左右。

随后，警察立即召集了科研所中所有的人。因为今天星期天，只有 3 个女职员在科研所。于是，警察分别把 3 个人召集起来，一一进行盘问。

警察首先问她们在 3 点 10 分左右分别做什么。

苏珊抢先回答："当时妹妹打来了电话，我到阳台上接了个电话。"

警察看了看苏珊，看到她的运动鞋，于是问道："你为什么不穿工作鞋，反而穿运动鞋？"

苏珊立马回答："今天下班早，打算和妹妹一起去爬山，为此穿了旅游鞋。"

接下来，瑞秋回答："当时非常困，为此去咖啡机旁边冲了杯咖啡，提提神。"

"那你为什么穿高跟鞋，公司可是明文规定不准穿高跟鞋的。"警察盯着瑞秋的高跟鞋问道。

"因为今天是星期天，加上下班后要约会，为此穿着高跟鞋就上班了。"瑞秋回答。

这时候斯蒂文说："今天是星期天，而且也没什么人，所以也穿着高跟鞋来了。”

警察听完，看着3个人思索了一番，让其中两个人走了，留了苏珊。警察经过层层盘问，并且将证据一一列出，最后苏珊终于缴械投降了。

人们不禁好奇，警察是怎样知道安装录音机的就是苏珊呢？安装录音机时并没有声音，只有关门声；旅游鞋走路没有声音大家都知道，但是穿高跟鞋的两人也可以脱掉高跟鞋，岂不是也没有声音。

警察根据三段推理，逐一排除了这些可能，一口咬定就是苏珊。

首先，安装录音机没有声音，只有关门声，说明这个人肯定没有穿着高跟鞋，可能脱掉鞋或者穿着旅游鞋。但是二段推理告诉我们，她肯定不会脱鞋的，因为只要脱掉就会留下脚纹，这样做只会适得其反。因此，嫌疑犯就是苏珊。

侦探专家虽然非常普遍地应用三段推理，但是有时候也会出现偏差。

例如：她肯定会喜欢上一个人，而我是一个人，那么由此推论出她一定会喜欢上我。这样的结论肯定是不正确，甚至有些悖谬。由此可以看出，三段推理并不是在任何情况下都正确，特别是在否定后一件事情，肯定前一件推理的时候经常产生错误，这其中的因素包括心理定式、情感因素、亲属关系或者信仰偏差等。

因此，为了能够准确地找到嫌疑犯、破解案件，应该综合多种推理，但是任何一件推理都应该基于确凿的证据。只有这样，才能找到真凶，还原事情的真相。

【顶级思维模式】

三段论是人们进行数学证明、办案、科学研究等活动时，能够得到正确结论的科学性思维方法之一。凡是违背‘三段论’原则的思维，都不可能得到可靠的结论。

连锁推理

在侦探小说中，聪明的侦探经常会运用连锁推理。但是对很多人来说，它显得非常陌生，很少被运用在日常生活中。其实，这种推理方法不应该仅仅应用在侦探上，而应运用在很多方面，拓展人们的思维。

那么，连锁推理到底是什么？如果单独讲理论，对很多人来说即便听懂了，也不明白到底是怎么回事，同时也不能灵活运用在日常生活中。为此，我们先讲一个故事，再概括出理论。

乔和罗斯是多年的朋友，虽然两人贫富差距很大，但是仍然有很多共同的兴趣爱好，为此经常聚在一起下棋、聊天。

有一天，空中飘起了鹅毛大雪，闲来无事的乔在家中呆了整整一个下午，非常无聊。傍晚时分，他穿上外套来到了罗斯的家中。

两人一起喝茶、聊天，突然聊到了不远处公园里的腊梅那么鲜艳。两人心血来潮，共同来到了公园里欣赏腊梅。可是，两人的审美产生了偏差，随后发生了争执。

罗斯不禁想起了多年前两人共同在一家公司上班的日子。很多时候，由于顾虑到乔，导致自己在一家小公司浑浑噩噩地混日子。当初如果不是自己，乔仍然是最低级的员工。

这时，罗斯越想越生气，为此将旧事提起，一再刺激乔。乔本来有轻微的心脏病，言语中伤之下立刻复发了。他不住向罗斯求救，可是正在气头上的罗斯根本不予理睬。几分钟之后，乔痛苦地倒在雪地里。这时候罗斯才开始慌了神，赶紧采取抢救措施，可是乔早已经身亡了。

直到这一刻，罗斯不禁慌了神，想到家里的妻子孩儿，他开始渐渐淡定下来。他思考了几分钟，终于平复了心情；然后脱下乔的鞋，穿在自己身上，同时将乔背起来。为了避免遇见路人，罗斯找了一条非常僻静的道路。当然，这么大的雪，遇见路人也非常不容易。

罗斯成功地将乔背到了家门口，然后将他放下，穿上了自己的鞋子。最后，他找了一条僻静的道路，回到自己家中。罗斯认为，即使有人发现，也不会怀疑到自己身上。

第二天，乔被家人发现的时候，早已经冻僵了，同时手中还攥着一朵腊梅。警察于是向乔的家人了解情况，知道乔在最后时刻见了罗斯。看着雪地里的脚印，以及乔手里的腊梅，可以推测乔的死亡与罗斯脱不了关系。

罗斯始终不明白，雪地的脚印明明只有乔的，为什么警察最后会怀疑到了自己头上。在开庭的时候，罗斯才得知真相。警察运用了连锁推理，最后顺利地找到了罗斯。

也许直到这时，还有很多人表示没有看明白。雪地上明明只有乔的脚印，很多人肯定会断定他是回到家中才死亡的，而不是在半途中。但是，很多人忽略了一点，乔的家门口有两个不同的脚印，如果乔是回家死亡的，路上不会有别人的脚印。可是罗斯回家的时候，为了不让人怀疑，穿上自己的鞋子踏着来时的脚印走路。不难想象，他即使再小心翼翼，也会有一部分脚印露出重合的痕迹。

此外，乔手中有一朵腊梅，可知他生前看过腊梅。有腊梅的地方，而且距离最近，这个地方就是公园。当警察走到那个公园的时候，真相就揭开了。腊梅树下是两个人的脚印，根据脚印，警察顺藤摸瓜，最后找到了罗斯。

罗斯终于恍然大悟，原来是自己粗心大意，才给警察留下了证据。其实，这时候罗斯早已经追悔莫及，如果那天不是意气用事，自己多年的朋友也不会命丧黄泉。

通过这个故事，也许很多人知道了三段推理到底是怎么回事。简单来说，三段推理就是根据已经得知的证据，衍生出别的证据，通过一步步推理，最后得出事情的真相。

【顶级思维模式】

侦探悬疑案情其实并没有那么玄乎，揭掉它们头上的神秘面纱，真相就会一步步地露出它的庐山真面目。生活中，每个人都可以做侦探，关键是需要细心严谨的态度，根据已有的证据进行层层推理，得出真相。如果善于精细推理，每个人都可以是生活中的福尔摩斯。

假设推理

关于“假设推理”，相信很多人并不陌生，因为在上学时很多人都会接触到数学中的假设题。根据假设的内容来寻找线索，以此来证明假设是否成立。但是需要注意：假如肯定了前一个条件，也就意味着必须要肯定后一个条件，而反过来如果否定了前一个条件，那么也就意味着要否定整个命题。

琳达在一家大公司工作，作为销售经理一路披荆斩棘。她阅人无数，很少有男性令其真正动心。可以说，做到销售经理这个位置实在不容易，在与客户和对手的攻防中斗智斗勇是家常便饭。

可是，半年前公司销售主管的到来让琳达眼前一亮。这个人叫钱德，不仅人长得帅气，而且又是多金的青年才俊，很多人对他非常仰慕。但是，让很多人奇怪的是，钱德对美女如云的其他职员完全无视，而是直接追求琳达。

琳达综合多种因素，最后答应了对方。两人交往了半年之久，不是非常亲近但也不是非常疏远。两个人相处的时候，琳达总是有一种似曾相识的感觉，这种感觉很怪，可是又说不上来。

这一天是琳达的生日，钱德送给了琳达一个陈旧却不失收藏价值的音乐盒。琳达看到陈旧的音乐盒虽然不太高兴，但是感觉它有收藏价值，也就没说什么。

有一天，琳达闲来无事，心血来潮试图拿着音乐盒去鉴定一下，看看它的收藏价值有多大。可是由于太过匆忙，音乐盒竟然掉在地上摔碎了。琳达非常伤心，她悔恨地拿起音乐盒，却意外地发现里面有半张模糊的照片。她怀着好奇心将照片拿起来细细地观看，没想到竟然是一条狗的影像。

细看之后，琳达惊慌失措。由于太过惊惧，突发心肌梗塞，几分钟就命丧黄泉了。

这起案件一直被当做疑案搁置起来，因为琳达死亡之前没有任何征兆，看似是非常自然地死亡，而绝不是他杀。

这起案件直到新的警长上任，才旧事重提。为了能够破解琳达为何无缘无故地心肌梗塞，眼睛为何还如此惊惧，警长又把事情的来龙去脉细细地盘问了一遍。无意之间，听到当时在场的警察说的一句话，警长心有所动。

警长找到了琳达的家人，询问她生前的感情经历。原来，琳达并非母亲亲生，两人的关系也很疏远。为此，琳达的母亲建议警长去找琳达的一位好朋友——菲比。

菲比接待了警长，并且将琳达的感情经历和盘托出。

琳达的感情状况非常复杂，一般而言她并非纯粹地喜欢某个异性，而是经常抱有功利的目的。在菲比的记忆中，琳达说留给她印象最深刻的男朋友是霍华思，因为他的死亡或多或少让琳达内心感到不安。

听到这里，警长赶紧追问为什么霍华思的死亡让琳达感到不安。原来两人都是爱狗人士，通过一个俱乐部熟识起来。他们因为共同的爱好走到一起，并且相处了3年。随后，不知什么原因，两人产生了非常严重的分歧，并且大吵一架后分道扬镳。

不久，传出霍华思死于非命，掉到悬崖下了。后来琳达说，她从霍华思的朋友那里得知，霍华思是爬山不慎掉下悬崖而死，但是具体什么原因不得而知。此后，琳达经常彻夜失眠，虽然仍旧照常工作，但是后来再没有全身心地谈过一次恋爱。

近半年，琳达和公司的销售主管走到了一起。有一次，她说之所以答应和销售主管交往，是因为有时候感觉对方非常像霍华思，和他在一起的时候既恐惧又刺激。

警长了解这些情况后，将半张狗的照片让菲比看看是否熟悉。菲比看完大吃一惊，断定这就是当时琳达和霍华思一起养的狗。

随后，警长回到所里，更加确定钱德肯定和霍华思有紧密联系，琳达的死亡也绝非正常。为了破案，警长单独找到了钱德。

出于警长的意料，钱德表现得非常镇定。他说很久之前喜欢一个女孩，可是她为了利益竟然利用了自己。他摔下悬崖，整个面部都毁了，而且差点死掉。

后来，钱德被好心人救了，并且整了容，但是他始终不能压制内心的愤怒。为此，他将之前女孩和爱狗的照片撕掉了，并且运用一些手段将半张照片寄给了女方。本来只是想吓唬她，没想到对方竟然死了。

当然，这个女孩是琳达，钱德就是那个毁了容的霍华思。人世间的恩怨没有尽头，活着的时候竞相追逐利益，可是谁又能带走什么。

案情终于明朗了，人们了解了真相。当然，案情顺利破解少不了警长的假设推理。他大胆假设，并且小心求证，步步为营，终于有了后来的水落石出。

【顶级思维模式】

有的案情看似没有任何眉目，不知道如何下手，这时候不妨大胆地假设，然后再搜集证据，得出事实真相。这样从多种渠道出发，推理案情，也许会有意想不到的发现。

逆向推理

逆向推理术是从结论出发，提出各种假设；如果假设成立，那就证明目标是正确的。

显然，逆向推理带有很强的目标性，因此不必沉迷于与目标不相关的事情或信息。为此，在侦查案件时，很多人经常运用逆向推理，从案情的结果出发，假设各种作案动机，最后推断出凶手。

一个老猎人独自住在山顶上。为了防止大型动物袭击，他把房子建在山顶，下面都是山坡，这样即使动物爬到这里来，也会变得十分困难。

凭借这种设计，老猎人居住在山上多年，仍然非常安全，没有遇到过大型动物的袭击。这一天，他在森林深处捕捉到一只大棕熊，心里非常高兴。

今天很开心，老猎人回到家里做了几个小菜，喝了点酒，醉醺醺地睡着了。

半夜的时候，忽然出现了断断续续的敲门声。老猎人被吵醒后，觉得非常奇怪。多年来，从来没有人在半夜来访。敲门声仍在持续，他不得已拿起猎枪开了门。由于晚上喝了点酒，还没有彻底地醒来。老猎人四处望了望，并没有人迹，于是又醉醺醺地回到了屋里。

老猎人又爬到床上，继续睡觉了。但是2个小时后，又听见了敲门声。

这次敲门声更加轻微，并且间隔时间更长一些。老猎人心里不禁奇怪，到底是谁在晚上开这样的玩笑？他警惕地拿起猎枪，用力推开了门。

令人奇怪的是，这次仍然没有人，老猎人不禁怀疑自己的耳朵是否出了问题，可能是自己听错了。老猎人酒醒了一半，现在也比较清醒了。这一次，他并没有着急回到屋里，四下望了望，仍然没有发现人来过的痕迹。他大声喊了几句，并没有回应。无奈，他再次回到了床上。

老猎人心里不禁发毛，到底是谁大晚上来到这里。他躺在床上，等着敲门声再次响起，一探究竟。等了大概 2 个多小时，老猎人渐渐地睡意朦胧了。这时，敲门声又响起来了。老猎人这次真的害怕了，躺在床上一动不动。敲门声越来越小，老猎人无奈从床上起来，拿起猎枪，走向了门边。

由于极度害怕，老猎人举着猎枪，猛地一开门，大声喊道："是谁？快出来，别装神弄鬼。"仍然没有人回答，只有簌簌的风声。老猎人细看周围，发现门边有些血迹，还有山坡下隐隐约约有些滑落的痕迹。

老猎人回到屋里，猜想是不是受伤的动物在敲门。但是，根据多年的经验，这根本不合常理。他彻底没有睡意了，坐在床边等待着敲门声再次响起。可是此后，直到天亮也没有再响起敲门声。

由于昨天晚上的过度惊吓，老猎人吃完早饭准备到山下女儿家居住一晚。他走出屋门，走下山坡，看到山坡的斜路上有很多滑落的痕迹，并且还有大量的血迹。老猎人心里非常奇怪。

走到山下，老猎人看到警察围着一具尸体。衣服都划破了，并且有很多血迹。警察看到老猎人从山上走下来，急忙走过来。警察看了看山上的屋子，然后问道："你在上面那个屋子居住吗？"老猎人点点头。

警察没再说什么，直接把老猎人带上了警车。老猎人非常奇怪，自己到底做了什么错事。直到详细询问案情，他才恍然大悟。那天晚上，一直有人敲门，原来并不是老猎人的错觉，而是有一个受伤的人不断爬上去求救。但是，老猎人由于极度害怕，开门力度比较大，几次无意中把受伤者推下了悬崖。

原来，频繁的敲门声均来自受伤者求救。他反复地爬上去，又被推下来，最后体力透支，又加上饥寒交迫，最终死在了山下。

警察来到山下，看到尸体遍体鳞伤，并且上山的路到处都是划痕，还有一些血迹，断定这具尸体是从山上扔下来的。通过逆向推理，警察很快将作案凶手锁定为老猎人。

经过一番解释，最后老猎人被判了 6 个月的有期徒刑。

【顶级思维模式】

逆向推理的主要特点是将问题解决的目标分解成问题解决的子目标，直至使子目标按逆推途径与给定条件建立直接联系或等同起来，即目标→子目标→子目标→现有条件。它适用于问题空间中有多条途径从初始状态出发，而只有少数路径通向目标状态的问题。

同异推理

在逻辑学上，“同异推理”包括相同的一方面，同时也包括不同的一方面。具体来说，它包括同推理术和异推理术。同异推理术实际上包含两个方面，分别是求同推理术和求异推理术，求同推理术也被称为契合法，求异推理术被称为差异法。

鲍勃是一个养蜂人，每年都会追随花的开放，四处采集蜂蜜。基于去年的教训，鲍勃在棕榈熊出现的道路上设了一个陷阱，以防再被棕榈熊袭击，最后还失去了一车蜂蜜。这件事想起来就让人气愤，为此他又掩饰了一下陷阱。

对于这种陷阱，鲍勃非常精通。小时候，他经常跟随父亲上山打猎，不仅见识过动物掉进陷阱后痛苦地挣扎，而且自己也尝过这种陷阱的厉害。一旦动物触动机关，脚就会被紧紧套住，再挣扎也无济于事。

为了万无一失，鲍勃将猎枪藏在了陷阱旁边的草丛里，这样可以开枪射击动物。准备就绪之后，他坐在陷阱的旁边，一边吸烟一边想着下一站去哪里收集蜂蜜。

“兄弟，借个火。”身后突然传来声音。鲍勃回头一看，原来是两个男子，他们拿着烟，手里却没有火。

鲍勃回过神来，准备去掏打火机。没想到背后遭到其中一个男子袭击，身体不自觉地朝着陷阱掉进去，脚被紧紧束住了。鲍勃知道，即使自己再挣扎也无济于事，于是静静地躺在陷阱里。

两个人看到偷袭成功，不禁露出了凶残的本色。确认鲍勃不会挣脱后，他们心安理得地朝着盛放蜂蜜的车走去。两个人原来是潜逃的犯人，因为路过这里，看到了装有蜂蜜的车，饥饿感不禁涌上心头。他们想私自占有这辆车，为此才行凶。

两人对蜂蜜垂涎已久，狼吞虎咽地吃起来。正在他们吃得尽兴的时候，却听见背后传来声音：“举起手来，如果反抗就要开枪了。”

逃犯吓得面如土色，回过头来一看竟然是鲍勃。他们非常吃惊，这种陷阱只要束住脚，就不可能爬上来，刚才明明看到鲍勃被牢牢束缚住了。

原来鲍勃深知这种陷阱的厉害，并且曾经尝过这种陷阱的苦头。小时候，他跟着父亲进山，由于贪玩追逐野兔不小心掉进了这种陷阱，为此还赔上了自己的一条腿。今天被套住的那条腿正好是之前废掉的，现在只是一条假肢。

鲍勃趁着逃犯吃蜂蜜的时候，将假肢拿下来，拿起藏在周围的猎枪，出其不意地救了自己一命。不得不说,正是因为鲍勃又遭遇了同样的不幸,才得以脱生。

这就是相同推理的一种典型案例，两件相同的事情不可能同时发生2次。同理，鲍勃那条废掉的腿不可能再次受到伤害。推而广之，两件事情同时发生了2次，肯定有什么不同的地方，这就需要深深探究了。如果能够得出原因，那么真相也就不远了。

相异推理和相同推理一样，两件事情或者多件事情多次发生，必定有不同之处，这些不同的地方就是案情的真相。事情的真相隐藏于无形的细微之处，这就需要认真观察，找出不同，从而真正破解案件。

【顶级思维模式】

在侦查案件时，不论运用哪种方法，都需要一个严密的逻辑，以及精准的眼光，对细致入微的东西深深探究，才能侦破案情。无论案件多么神秘，都是人为制造出来的，只要细心人揭掉笼罩的层层迷雾，案情的真相就会揭开。

类比推理

对很多人来说，类比推理并不陌生。简单来说，类比是两个或者多个事物的一部分特性是相同的，从而也能顺利推断出其它的特性也是相同的。这种推理不仅在侦探专家手中经常运用，同时生活中也很常见。

在医院中，医生经常会将左手指贴在病人的胸壁上，同时用右手指轻轻地扣左手指,从病人胸廓发出的声音诊断出病人的心肺是否有疾病，这就是有名的叩诊法。虽然经常看到，但是很少人知道这一诊断法来源于奥恩布鲁格的发现，他就是运用类比推理的方法从父亲的日常行为发明了这一技法。

奥恩·布鲁格的父亲是酒店老板，他经常用手指敲击大酒桶，通过声音判断大酒桶中还有多少酒量。布鲁格由此受到启发，把这一方法应用在病人的胸腔上，以此来寻找“病灶”。经过大量的经验积累，其中也包括解剖尸体的追踪，才创立了流传至今的叩诊法。后经世人不断完善，在医学史上产生了巨大的影响。

20世纪30年代中期，香港茂隆皮箱行由于货真价实，物美价廉，在皮箱行业可谓如日中天。

茂隆皮箱行的生意兴隆招来了英国商人威尔斯的垂涎。为了击垮茂隆皮箱行的生意，威尔斯策划了一起蓄意敲诈案。他到茂隆皮箱行订购了5000只皮箱，价值港币30万元，并且合同上注明如果茂隆皮箱行不按期交货或者质量不过关，那么卖方应该赔偿原价的两倍给买家。

茂隆皮箱行如期交货，不料遭到威尔斯的刁难。威尔斯认为，皮箱中有木料，怎能说是皮箱呢，自己明明订购的是皮箱，这明显是欺骗顾客，并且将茂隆皮箱行告上了法庭。

威尔斯认为这次会把茂隆皮箱行置于死地，为此信口雌黄，气焰非常嚣张。正当双发僵持的时候，茂隆皮箱行的代理律师发话了，他举起自己的金表，向法庭上的人询问道：“这是金表吗？”

法庭上的人呆若木鸡，心想这与案件有什么关系，但还是点头承认是金表。然而代理律师说：“如果按照威尔斯的论断，这表就不是金表，因为这块表除了表面镀金之外，内部任何部件都不是金制的，所以我说它不是金表。”

但这样的论断明明不是正确的，人们纷纷摇头。

“如果人们承认这块是金表，那么皮箱又为何不是皮箱呢？这其实是一个道理。”代理律师继续说。

人们恍然大悟，原来代理律师用相同的原理来为被告辩护。金表因为外面的材质而成为金表，人们毋庸置疑。同样，皮箱也只是一种叫法，而根本不是所谓的全部用皮革制作。一旁的威尔斯听后也不禁理屈词穷。法庭最后判决威尔斯诬告罪成立，并且赔偿茂隆皮箱行。

代理律师的成功离不开类比论证。他将金表与皮箱进行类比，金表虽然叫金表，只是因为外面镀了一层金，而不是因为全部都是金制的。同样，皮箱之所以叫皮箱是因为外面的皮革，而不是因为内部的木料。

法庭上，代理律师使用了类比论证，有力地驳斥了原告的谬论，成功地扭转了局势，帮助被告赢得了胜利。

其实不仅在侦查案件中需要类比论证，在辩论赛中也经常使用类比论证，实现预期的目的。

类比推理法不仅与科学发明有着千丝万缕联系，同时还在侦破案情、辩论赛中占据着举足轻重的地位。

【顶级思维模式】

类比推理虽然在很多方面占据着举足轻重的地位，但是其结果也有一定的偶然。也就是说，类比推理的结果可能是正确的，也有可能是错误的。这就需要人们在运用类比推理的时候擦亮眼睛，综合各种因素，做出正确的判断。

第08章　逆商思维

有效应对生活中的坏事件

一切苦厄，皆含深意。唯一的差别是，有人趟了过去，有人却留在原地。生命中的各种不如意，都是为了让我们变得更强大。身处困境并不可怕，可怕的是在困境中失去前进的信念。

错误不断，该反省一下了

生活中，我们总是犯各种各样的错误：希望购置某处房产，却阴差阳错地失去了出手的最佳时机；想要和喜欢的人在一起，却无缘无故地成为了彼此的过客；工作上，小错误层出不穷；因为自己的犹疑不决，股票被牢牢套住。面对这些失误，有时候甚至会怀疑当初怎么会犯如此愚蠢的错误，不禁为自己的智商感到着急。

犯错难道仅仅是因为智商的原因吗？研究发现，人之所以会犯错，除了智商的原因，还有很多因素。

无知导致人们犯错误。无知犯错误很容易理解，因为对事物不了解，处于一种混沌状态，犯错误是在所难免的。很多事情，人们从来没有经历过、没有可靠的答案，这就需要不断地尝试、研究。在陌生的领域中，想要获得成功，就需要不断地尝试，在尝试中寻求答案，犯错误是难免的。

例如，爱迪生发明电灯，这在此之前是人们从来没有接触到的领域。对爱迪生来说，这完全是一个探索的过程。爱迪生在选择灯丝材料的过程中，经过了上百种的原材料尝试，都失败了，最终选择了钨丝，才取得了成功。

科学研究中，犯错误是难免的。同样，在史无前例的改革中，犯错误更是常见。当年，前苏联是世界上举足轻重的超级大国，戈尔巴乔夫在经济改革的尝试中，犯下了将整个政权都葬送的巨大错误。可见，在探索中摸着石头过河，难免摸到水深过不去的地方，这就需要回来重新选择方案，再次尝试。

主观情感的变动导致犯错误。有时候并不是因为无知，明明知道事物的答案，但是在解决问题的时候，却因为自己的粗心大意，造成无心之错。这种无心之错，可能有的时候不止一次。这主要在于当事人的心态，是否将它看成很重要的事情，如果从未在心底里将这件事看得非常重要，犯错误也就难以避免了。

一类错误一犯再犯，也可能是因为过于重视，以致紧张过度，导致犯错误。正所谓，“一朝被蛇咬，十年怕井绳”。

如果想减少犯错的概率，除了更加细心、持之以恒之外，没有别的更好的办法了。

还有一种错误就是有意犯之。大人为了孩子能有一个更加坦途的未来，总是对孩子的选择指手画脚。由于孩子的逆反心理在作祟，孩子总是故意犯错误，故意让大人生气；工人为了报复厂长，总是故意出错，让产品不合格，造成工厂的损失；战争中，有时候一方故意犯错误，让对方误入圈套，这就是一种计谋了。这类故意犯错误，为了达到一定的目的，就需要人们具体问题具体分析，对症下药，找出相应的对策。

除了以上两个因素，还有因为人们的欲望导致犯错误。马斯洛的需求层次理论将人类的需求分为五个等级。最低的需求当然是人类首先得生存下去，这和动物的需求是一样的。但是人类之所以高于动物，还在于人类懂得善恶。人在动物基本需求的基础上还有更高的需求，例如被尊重、受教育、被社会承认、实现自我价值……这就是人类的欲望。

总的来说，人之所以不断地犯错误，在于人的欲望一直在膨胀，得不到满足。

正所谓“欲壑难填”，人们最大的错误就在于欲望太多了，超出了能力范围之内，就会犯错误。处在贫穷线上的人期望能得到财富，意志力稍微减弱，可能就会走上偷盗之路；失恋的人看到别人的幸福，出于嫉妒可能会拆散别人的良缘；富裕的人贪恋长寿，走火入魔可能沉迷于炼丹。每个人不管处在什么境地，都会有自己的苦恼，这种苦恼如果得不到排解，可能就会犯错误。

【顶级思维模式】

保持“知足常乐”的心态，毕竟这个世界本就是不完美的，只有意识到这种不完美，并且接受这种不完美，才能真正地得到解脱。将自己从欲望中解放出来，保持一颗平常心，冷静地处理世事，才会减少犯错的几率。

境遇再悲惨也不抱怨生活

这个世界由两类人组成，一类是意志坚强的人，另一类是心智薄弱的人。前者有与生俱来的坚强特质，他们无论是商人、教师还是体力劳动者，无论年龄大小，都可以勇敢面对困难和挑战。而后者遇到困难和挫折总是逃避，面对批评也容易受到伤害，或灰心丧气，最终只能与失败、痛苦为伴。

不抱怨生活的人，永远是命运的主人。因为了解自己，才会更加自信，即使陷入困境也会找到应对的方法，所以始终立于不败之地。强者之所以不会倒下，是因为他们勇敢面对自己的弱势和不足，在困难面前逆势突围。有了这种积极的情绪和心态，一个懦夫也可以变成英雄。

吉姆居住在纽约附近一个小镇上，是一个天生的足球运动员。然而，他在中学期间患癌，最后双腿被截肢。这本是一件让人崩溃的事情，但是吉姆回到学校之后，却和同学们开玩笑说：“我会装上用木头做的腿，到时候把袜子钉在腿上，你们谁都做不到。”

虽然不能回到球场上，但是吉姆仍然恳求教练把自己留在球队中当管理员。每天，他准时到球场帮教练收拾训练攻守的沙盘模型。这种积极的态度和坚强的毅力感染了全体队员，整支球队在他的鼓励下充满斗志。

有了这份陪伴和激励，球队在赛季中保持着全胜的战绩。赛后，为了庆祝这难得的胜利，大家准备送给吉姆一个全体队员签名的足球。但是，吉姆因为身体太虚弱未能到场，所以宴会并不圆满。

几周后，吉姆脸色苍白地回到了球队，仍然与大家说笑。教练还轻声责问：“为什么没来参加庆功宴？”“教练，你不知道我正在节食吗？”笑容掩盖了吉姆脸上的苍白。

一个队员拿出写满签名的足球，说道：“吉姆，都是因为你，我们才能获胜。”其实，癌症早已经恶化了，吉姆回家之后的第二天就去世了。

原来，吉姆一直都知道自己的病情，也知道被父母隐瞒的“六个星期”死期，但是他坦然面对死亡，在生命的最后时刻依然投身钟爱的足球事业，在病痛中鼓励球队去战斗。这种不抱怨的精神感染了每个球员。

意志坚强的人总能迎难而上，把最悲惨的事实变成最富有创意的生活体验。在苦难面前，他们不会像鸵鸟一样把头埋进沙土中，去逃避现实；而是接受命运的安排，勇敢迎接挑战。

【顶级思维模式】

生活中总是充满了风雨，每个人也难免闹点小情绪。但是，坚强的人很快会抚平心绪，选择迎难而上。因为不抱怨生活，所以生活给他们更多回馈和礼物。

摆脱受害者心理的影响

大凡成功之人，在辉煌前肯定会经历诸多磨难，甚至遭遇无数超乎想像的挫折。面对这些磨难和挫折，一般人选择退缩，甚至整天以受害者自居，惶惶不可终日。意志力坚定的人内心强大，将这些磨砺看作一种考验，他们以积极的心态应对一切，成为生活的强者。

斯蒂芬·威廉·霍金曾先后毕业于牛津大学和剑桥大学三一学院，并获得剑桥大学哲学博士学位。出乎世人意料，他竟然是一个中枢神经患者。由于肌肉严重衰退，霍金失去了行动能力，手不能写字，话也讲不清楚，终生靠轮椅生活着。

谁也没有想到，霍金凭借一个小书架、一块小黑板，还有学生做助手，最终在天文学的尖端领域——黑洞爆炸理论的研究中，通过对“黑洞”临界线特异性的分析，获得了震惊天文界的重大成就，并因此荣获 1980 年度的爱因斯坦奖金。

1985 年，霍金又丧失了语言能力，他表达思想的唯一工具是一台电脑声音合成器。他用仅能活动的几个手指操纵一个特制的鼠标器，在电脑屏幕上选择字母、单词造句，然后通过电脑播放声音。为了合成一个小时的录音演讲，他需要辛苦准备 10 天。

面对命运的捉弄，霍金没有抱怨和沉沦，他摆脱了受害者心态，积极思考人生与科学命题，在天文物理学方面做出了开创性的贡献，被称为当代最伟大的科学家。一个人的内心要何其强大、格局何其博大，才能有这样的成就，霍金给世人上了生动的一课。

人生道路上，通常都要几经波折、几经磨难，而最能为勇敢者壮行的，惟有人生拼搏过程中的风风雨雨。透过风雨，方能看到成功的彼岸，这风、这雨，正是成功人生必经的洗礼。

生活是人生最好的大学，在这所大学里，你可以磨炼自己承受苦难的能力，学会战胜困厄，体会人生残酷的一面。感受过世态炎凉和人情冷暖，经历了磨难和挫折，内心才会变得无比强大，日后即使面对深沟险壑也会视作一马平川，不再视其为畏途。

拥有逆商思维的人，无论遭遇外界怎样的嘲讽，遇到多大的困难，都不会被轻易打倒。换句话说，他们在心理层面达到了一定的境界，因此总能在挫折、危机面前挺过来，令人折服。意志坚定的人不论遇到多大的诱惑或挫折都能淡定处之，依然固守着内心那份信念。

【顶级思维模式】

世界上存在这样一类人，他们似乎总能得到上天的眷顾——有着坚定的信念或理想，并且为之付出不懈的努力；最重要的是，上天每一次都会帮他取得成功，这令人羡慕至极。其实，这类人之所以比其他人更幸运，在很大程度上要归功其强大的内心。

勇敢走过人生的鄙夷与不屑

逆境总是与人生相随。成果未得，先尝苦果；壮志未酬，先遭失败，这样的情况在生活中比比皆是。一个人追求的目标越高，就越能敏锐地感受到逆境的存在。先哲说：“所有的危机中，都藏匿着解决问题的关键。”

人生的挫折和苦难中都蕴含着成长和发展的种子。然而，能够发现这颗种子的人并不多，所以世上多是平平庸庸之辈。

不堪一击的花朵出自温室，高可参天的大树来自险峰，平静的池塘培养不出优秀的水手。恶劣的环境或危险的强敌，会让人们时刻准备着迎接挑战，催促人们在奋力拼杀中闯出一条血路。任何时候，谁能勇敢走过人生的鄙夷与不屑，谁就能成为时代的强者和赢家。

对于一幅幅雄浑的风景画来说，它的精妙之处不在于波澜壮阔，不在于姹紫嫣红，往往是不经意的一笔，却有鬼斧神工、画龙点睛之妙。逆境就是人生路上这不经意的一笔，看似多余，让你厌恶，让你不知所措，却是激发人生力量不可或缺的部分。换句话说，挫折能激发人的潜能，增强其韧性和解决问题的能力，能让人格在对抗苦难时不断完善。

诺曼毕业于一所普通的大学，在校学习期间功课和社会实践成绩都不出众，但是在招聘会上却被一家世界五百强企业录用。校学生报派记者采访了这家企业的招聘负责人，对方说："诺曼同学的表现非常出色，他几乎满足了我们所有的要求，是企业最需要的好员工。"

校学生报的记者非常奇怪，找到诺曼寻求答案："诺曼同学，恕我直言，你平时学习成绩并不出众，也不太喜欢参加社会实践和集体活动，为什么在这次招聘会上能被世界五百强的企业录用，并对你做出非常高的评价呢？"

诺曼思考了一会儿，说："这大概要归功于我之前在应聘上遇到的挫折。"原来，在毕业前的半年时间里，诺曼就开始四处应聘了。因为，他认为自己不优秀，如果想得到一份好工作，就必须笨鸟先飞。

没有社会经验，成绩形象都不出众，诺曼在这半年的时间里一直忧心忡忡。最初，他的表现糟糕至极。脾气好的面试官会耐心地提出一些可行的建议，脾气差的面试官就直接恶语相向。每次面试完之后，诺曼会分析原因，记录得失。半年来，他参加了一百多场面试，几乎每天都在四处奔波，而那本厚厚的面试记录本成了他宝贵的财富。他把一百次应聘的经验融会贯通，所以在这次学校招聘会上表现出了很高的情商和素养，最终得到了面试官的肯定。

诺曼说："我们每个人都害怕逆境，有时候逆境给予我们的要比顺境给予我们的多很多。"真正让人热爱生命的不是阳光，而是死神；真正逼迫你坚持到最后的，不是亲朋好友的支持，而是来自于对手的压力；真正能促使你成功的力量，往往聚积于竞争之中；真正促使你奋勇拼搏的不是优裕的条件，而是人生路上遭遇的打击和挫折。

【顶级思维模式】

行进于人生漫漫的旅程，有绿洲也有沙漠，有平川也有险峰。不要试图躲避逆境，也不要害怕苦难来敲门，逆境对你来说正如严寒之于梅花、磨砺之于宝剑。能够有过人生的鄙夷与不屑，这样的人拥有极高的人生境界。

在绝望中寻找希望

人们总是认为，危机只会带来失败和痛苦，令人感到绝望，失去继续奋斗的信心。但是，危机之中却依然潜伏着机会，它等待着那些涅槃重生的人去发现。

如果一个人能够在危机之中迎难而上，跨越艰险，那么必定能够发现机遇，创造一片属于自己的天地。尽管处在绝望之中，却依然盛开出希望的花朵，这样的人生令人敬仰。

霍兰德说："在最黑的土地上生长着最娇艳的花朵，那些最伟岸挺拔的树林总是在最陡峭的岩石中扎根，昂首向天。"生命中，没有翻不过去的山，没有过不去的坎。面对艰难险阻，是被困难吓倒，还是振奋精神，决定了一个人的命运。其实，挑战命运、挑战生命的过程能激发人的潜能和创造力，带来令人惊喜的变化。

现实世界是残酷的，能消磨人的斗志和梦想，但是淡定的人懂得乐观面对一切，努力让内心的痛苦减少一些，让身上的负担与压力减轻一些，努力将日子过得更加充实和有意义。

从困境中寻找希望，从苦难中寻找乐趣，是一种生存哲学。面对困难的时候，选择挑战还是躲避？面对苦难，选择顺从还是崛起？面对这样的拷问，一定要保持乐观的精神，多一点儿幽默心，就能做到苦中寻乐，在不幸中收获幸福。

美国剧作家考夫曼才华出众，早在二十多岁的时候就挣到了一万多美元的酬劳。拿到这笔钱后，他非常激动，一时间又不知道怎么处置它们，于是向朋友求助。

为了让钱保值增值，考夫曼听从悲剧演员马克兄弟的建议，将这一万多美元全部投资在股票上。万万没想到，这笔钱有去无回。受当时经济危机的影响，股票大跌，考夫曼的钱全被套在里面，血本无归。

虽然后悔不迭，但是考夫曼并没有对生活失去信心，反而幽默地调侃："马克兄弟是悲剧演员，我听了他们的话把钱投进股市并最终赔本，也是活该呀。"

即使一万美金全被套进了股市，考夫曼依旧保持着乐观的心态。他没有把失败的原因归结于经济危机，而是灵活机变地扯到了"悲剧家"马克兄弟的身上，诙谐风趣的语言折射出苦中寻乐的生活态度。

很久以前，印第安人曾经遭到白人驱逐。他们在逃亡过程中寻找避难所，后来累得筋疲力尽，并且身上带的食物也不多了。酋长不想让大家白白牺牲掉，于是召集所有人商议对策。

"如今我们离开了家园，奔跑在逃亡的路上，我有一个好消息和一个坏消息准备告诉大家。请问，你们先听哪个消息呢？”酋长问道。

“坏消息……坏消息……先听坏消息……”大家喊起来。

“好的，那我就告诉你们。坏消息是我们现在除了动物饲料以外，没有其他粮食了。”酋长说道，“而好消息是我们还有足够多的动物饲料。”

顿时，台下爆发出一阵欢笑声。笑声帮族人消除了逃亡时的疲惫和惊慌，而酋长机敏地让族人学会了苦中作乐。一个快乐的民族永远充满希望，一个快乐的人永远不会迷失方向。当你在命运面前无能为力时，不妨微笑面对，至少保持一份洒脱。

马克·吐温说过：“幽默的源泉并不是欢喜，而是悲伤。”这也正是人们陷入困境后，学会苦中作乐的理由。婴儿是哭着降临世间的，所以有人说：“我们来到这个世界就是准备吃苦的。”

【顶级思维模式】

人生在世几十年，如果没有心酸，怎能衬托出那些美好？正是有了心酸的日子，人们才更加珍惜生活的美好。因此，无论遇到什么坎坷与逆境，都不值得畏惧，真正可怕的是一个人失去了对美好生活的向往和追求。保持快乐生活的唯一秘诀是，用微笑代替愤怒，平静地与这个世界相处。

选择逃避就看不到未来

许多人都见过动物园里的鸵鸟，它体型硕大，不会飞但奔跑得很快。鸵鸟腿长,脚有力,善于行走和奔跑。可是当它遇到危机,走投无路的时候，就会把头钻进沙子里。鸵鸟自以为安全，其实不然，危机依旧会降临到头上。

当鸵鸟选择逃避的时候，它也就丧失了选择的权利和成功的机会，甚至会被迎面而来的灾难打败。殊不知，风险并不是逃避就可以避免的，不敢面对问题是一种懦弱的行为，鸵鸟应对危机的方式被称之为“鸵鸟政策”。“鸵鸟心态”是一种逃避现实的心理，面对问题时不正视现实，不主动思考应对危机的方法，而是一味地逃避，最终只会给自己造成重大的损失。

鸵鸟的下肢粗大，奔跑速度飞快，其逃跑速度显然可以使自己脱困，如果不把头埋进沙子里，也不会成为“鸵鸟心理”的主角。在一个团队里，遇事选择鸵鸟政策的话，该团队的业绩一定不会在同行中出类拔萃。在团队里，如果有太多鸵鸟心态的人，即使有较高的天分，办事效率也一定不高，肯定无法为团队做出长远的贡献。

很多企业在危机来临的时候，总是想着如何躲避媒体的采访，公众的批评，丝毫不肯面对事实，这就是鸵鸟政策。显然，这样做无助于危机的解决。

1989 年 3 月 24 日，美国埃克森公司一艘巨型油轮在阿拉斯加州美加交界的威廉王子湾附近触礁，泄出达 800 多万加仑原油。海面上形成一条宽约 1 千米、长达 8 千米的漂油带，使得原本纯净的生态环境遭受到了巨大的破坏，不少鱼类因此死亡，当地的水产业蒙受了巨大损失。一个风景如画的地方顿时消失了本来的面貌。

事件发生以后，埃克森公司的作为却让公众大跌眼镜，他们选择了无动于衷的做法，既不调查原油泄漏的原因，也不清理事故现场，更不向当地民众道歉。一场“反埃克森运动”惊动了布什总统，当局于 3 月 28 日派出运输部长、环保局局长等高级官员组成的特别工作组，前往阿拉斯加进行调查。

最后，为了清理油污和消除各方面造成的恶劣影响，仅清理油污就付出了几百万美元，加上赔偿、罚款，总损失达几亿美元。埃克森公司形象也受到很大破坏，西欧和美国的一些老客户纷纷抵制公司的产品，使埃克森公司狼狈不堪。

埃克森公司在泄油事件中采取了“鸵鸟政策”，不仅没有给公司带来任何转机，反而将事态引向了另一个恶劣的极端。试想，如果埃克森公司及时采取应对措施，而不是一味地逃避事态，恐怕后来也不会付出如此惨痛的代价了。在任何情况下，逃避都不是解决问题的方式；相反，不敢正视现实，将头躲在“草堆”里，就看不到任何东西，只是一种自我安慰罢了。一味地欺骗自己，只是一种自欺欺人罢了。

在美国，专家刚开始关注奶粉问题导致婴儿营养不良的时候，雀巢公司对社会专家的建议采取了默不吭声的做法。虽然雀巢公司的乳制品相当有名，但是公司依然有意忽视人造乳品在营养方面的缺陷。

1977 年，一场著名的“抵制雀巢产品”运动在美国突然爆发，美国奶制品行动联合会的会员到处劝说美国公民不要购买“雀巢”产品。直到 1984 年 1 月，雀巢公司承认并实施了世界卫生组织有关经销母乳替代品的国际法规，国际抵制雀巢产品运动委员会才结束活动。在被抵制的十几年时间里，雀巢美国公司一直在承受着巨额的经济损失。

如果雀巢公司从一开始就意识到问题的严重性，不选择逃避，而是采取有效的措施来应对，这场大规模的运动根本就不会爆发，雀巢公司也根本不会承受这么大的经济损失。相反，雀巢公司会引领乳制品的新潮流也在情理之中。在选择逃避的同时，也就注定了公司惨败的未来。

【顶级思维模式】

任何危险只要还留有余地，只要仍有挽救的可能，我们就不该颤栗。伏尔泰说：“我们想要成功，唯有靠剑刃，人与剑刃共存之。”人生就是一场持久的战事，每向前一步都得拼命，你若害怕，不敢向前，便只有被宰割的下场。

第09章　社群思维

连接是一切价值的源头

社群思维作为一种人性化生存法则，其思维方式关乎人类的生存和价值观。进入互联网时代，通过有效社群点燃用户，引爆产品传播，已经成为一种趋势。“成功，不在于你知道什么或做什么，而在于你认识谁。”这句话在今天仍然没过时。

无所不在的“六度空间理论”

美国有句谚语说得好，“每个人距总统只有6个人的距离”。也这是说，你认识一些人，他们又认识一些人，而他们又认识另外一些人……这种连锁反应能一直延续到总统的椭圆型办公室。

这提醒我们，如果你仅仅距总统6个人的距离，那么你距你想见的任何一个人也只有6个人，或者更少人的距离。只要你用心，你就能找出各种关系来认识他，结交他，实现你的理想。

上面这种说法，其实是有理论依据的，即“六度空间理论”——你和任何一个陌生人之间所间隔的人不会超过6个，也就是说，最多通过6个人你就能够认识任何一个陌生人。

英国《卫报》曾经报道说，微软的研究人员通过检查1.8亿人之间的300亿个电子信息后宣布，这个理论是成立的。因为，我们都是被一个熟人链联系在一起的，只需6个人介绍，你就可以与地球上任何一个人联系起来。换言之，你最多只需6人相互介绍就能跟麦当娜或英国女王扯上关系。

利用“六度空间理论”，我们能很好地理解看似高深的“社会网络”。生活中，我们都有这样的经验，无意中跟朋友聊起某次“奇遇”，有的故事主角竟然是朋友的朋友。所以有人感叹，这个世界原来这么小。

其实，这个世界很大，只是我们每个人都处在关系网的某个节点上，一旦被某条线索串联起来，你就能和毫不相干的人产生联系。

由此，不难理解“关系网”的存在形式，以及它应有的价值。静下心来仔细想一下，在我们的工作和生活中，究竟结识了多少有价值的人？

设想一下，就你实际拥有的网络延伸到了你每天都有联系的人之外，包括同学、校友、同事，以及客户、政府人员等，他们都是你的网络成员。

这样看来，你已经拥有一张密不透风、无所不及的超级大网，而坐在网中央胸有成竹的你，只要善于调动各种关系为我所用，就能轻松处置各种难题，打开眼前的僵局，游刃有余地为人、处世。

第一，编制关系网，把陌生人变成朋友。

现实中，很多成功的人大多都在编制自己的关系网。这种网络由各种不同的朋友组成，在你的关系网中，应该有各式各样的朋友，他们能够从不同的角度为你提供不同的帮助；当然，你也要根据他们不同的需要为他们提供不同的帮助。

第二，在关键时刻找到关键的人。

科学实验告诉我们：世界上任何地方的任何两个人，最多通过6个中间人就可以联结起来，从而形成一定的关系。从这个意义上讲，遇到麻烦需要人帮忙的时候，只要能在关键时刻找到关键的人，事情就成功了一半。

【顶级思维模式】

世界很大，又很小，只要你有关系，你就无所不能。或者说，世界是一张纵横交错的网，而你就是网上的一点，从这一点出发，能借助各种关系到达各个地方、认识任何一个人。这就是关系的威力。

了解他人的真实需求

赢取友谊与影响他人最有效的方法之一，是认真对待别人的想法，让他觉得自己很重要。与人谈话时，只有聊到感兴趣的话题，才能吸引对方注意，进而令其主动“上钩”。显然，世上唯一能够影响到别人的办法，就是给予对方所需，同时告诉他如何去获得。

当你要求别人做某些事情的时候，不妨弄清楚对方的真实需求是什么，然后围绕这一诉讼求，用一种委婉的方式提出自己的要求。比如，当孩子想要吸烟，你无须大声地呵斥，只需告诉他们，如果吸烟就无法参加棒球队，问题就会迎刃而解。不管我们需要应付的是一个孩子，还是一只动物，这都是值得注意的事情。

从一个人呱呱坠地的那一刻开始，他所做的一切事情，说的每一句话，每一个微笑的举动，都是从自身的需求出发，都是为了自己。哈雷·欧佛斯托教授曾经说过，行动是由人类的基本欲望中产生的。如果你想说服别人，最好的建议应该建立在对方的心念中，激发他们的迫切需要。如果能做到这一点，那么整个世界都将掌握在你的手中。

在一个利己主义占据主导地位的社会中，许多人都追求个人价值与利益的最大化。所以，当群体中偶尔出现了几个无私而又愿意提供帮助的人，他们就能获得极大的收益。因为，很少有人会在帮助他人方面与之竞争。欧文·杨是美国著名的商业领袖，同时也是一位知名律师，他曾经说过：“能够为他人着想，了解他人需求的人，永远不用担心未来。”

许多人每天忙碌不堪，踏破铁鞋，却毫无收获。因为在他们的心中，时刻想到的都只是自己的需要，而忽略了他人的需求。比如，如果不去考虑顾客想不想买东西，顾客喜欢以什么方式来购买，注定一无所得。所以，“时刻关注对方的需求，激发对方的渴望”，就显得尤其重要。当然，它并非操控别人，让他人去做对你有益的事，而是追求让双方互利共赢的目标。在安德森太太的故事中，难道还不能明白这样的道理吗？

一个年轻人毕业后刚参加工作，想利用休息时间练习篮球技术。于是，他便这样说服其他人："我希望你们能和我一起打篮球，因为我喜欢篮球。但是每次当我想打球的时候，总是发现人手不够，而且很多人技术很差，把我打得鼻青脸肿。希望你们明天晚上能够和我一起来打篮球。"

这名学生谈及对方的需要了吗？很显然，没有。事实上，如果大部分的人都不去体育馆打篮球，你也一定不会去。没有人在意那位学生想要什么，你也同样不想被别人打得鼻青脸肿。由于无法让人觉得打篮球能有所收获，所以这名学生在说服一事上碰壁了。但是，如果他能够换一种说法，比如打篮球可以锻炼身体，让自己更有胃口，得到更多乐趣，那么响应他的人应该会有很多。

【顶级思维模式】

从今天开始尝试着做出改变吧，当我们想要劝说某人时，不妨先自问，"我要怎样才能让他做这件事？"这样便能阻止我们在匆忙之中面对他人，导致多说无益，徒劳无功。最后，请牢记一句箴言："先激起他人的渴望，才能与世人一道，永不寂寞。"

记住对方的名字，这很重要

一般人对自己的名字，比把世界上所有堆在一起的名字，还感到重要和关心。把一个人的名字记住，很自然地脱口而出，表明你已对他含有微妙的恭维和赞赏的意味。反过来讲，把那人的名字忘记，或者叫错了，不但令对方难堪，对你自己也是一种很大的损害。

正是因为这个超人的本领，吉姆才能帮助罗斯福进入白宫。为什么这样说呢？罗斯福开始竞选总统前几个月，吉姆作为其竞选团队的总干事一天要写数百封信，分发给美国西部、西北部各州的熟人、朋友。然后，他再搭乘火车，在19天的旅途中走遍美国20个州。当然，他除了乘坐火车外，还使用其他交通工具，比如轻便汽车、轮船、马车等。吉姆每到一个城镇都去找熟人吃早餐、午餐、晚餐、茶点，进行极诚恳的谈话，接着再赶往下一段行程。

吉姆回到东部时，立即给各城镇的朋友写了一封信，请他们把曾经谈过话的客人名单寄过来。那些不计其数的人，都会得到吉姆亲密而极礼貌的复函。每个人都非常重视自己的名字，尽量设法让它流传下去，甚至愿意付出任何代价。

吉姆这种记忆别人名字的习惯看起来很难做到，其实坚持下来并不困难。吉姆是怎样做的呢？原来，他每遇到一个新朋友时，就问清楚对方的姓名、职业，家里有多少人和对当前政治的见解。问清楚之后，就把它们牢牢地记在心里。下次遇到这个人，即使已相隔了一年多的时间，吉姆还能拍拍那人的肩膀，问候家里的妻子儿女，甚至谈谈对方家里后院的花草。

200多年前，有钱人常给那些作家出资，让作家用他的名义出书。博物馆、图书馆有丰富的收藏，那些陈列品上都有捐赠者的姓名。显然，那些人希望自己的名字永远延续下去。

许多成功人士都知道一种最明显、最简单而又最重要的获得好感的方法，那就是记住对方的名字，让别人感到自己很重要。记忆他人名字的能力，在事业上、交际上和政治上是同样重要的。一个政治学家的第一课，就是“记住选民的姓名”。

拿破仑的侄儿，法国皇帝拿破仑三世，曾经自夸地说，虽然国事很忙，但是能记住自己所见过的每个人的名字。他怎么记住那么多人的名字呢？他有技巧吗？是的，技巧很简单，那就是如果没有听清楚，他就说：“对不起，我没有听清楚。”如果听到不常见的名字，他就这么问：“对不起，这字怎么拼？”

在谈话中，拿破仑三世会不厌其烦地把对方的名字反复地记忆数次。同时在脑海里，把这个人的名字和他的神态、脸孔、外形连贯起来。如果这个人很重要，那么他就在独自一人的时候，把这个人的名字写在纸上，仔细地看着、记住，然后把纸撕了。这样一来，他眼睛看到的就跟耳朵听到的对号入座了。

【顶级思维模式】

爱默生曾说过：“良好的礼貌，是由小的牺牲造就的。”在我们之间有多少人能做到这些？试想，当别人介绍一个陌生人跟我们认识，虽有几分钟的谈话，临走时我们可能已把对方的名字忘得干干净净。所以，如果想让人们喜欢你，你就要记住接触过的每个人的名字。

让每个人都高兴的方法

洛杉矶家庭事务研究所负责人鲍本诺说：“大多数男子在寻找自己感情生活的另一半时，并不是寻找综合素质优秀的伴侣，而是寻找那些美丽的、会取悦自己并获得优越感的女子。”一位女性行政人员接受一位男士的邀请共进午餐，期间她总是搬出大学时期的那些高级思想，甚至饭后又坚持自掏腰包结账，结果可想而知，此后她总是一个人独自进餐了。

反过来想想，假如这位女士进餐时能够温柔地注视着男士，眼里满是崇拜的目光，“能和我多讲一些你的事情吗？”即便这位男士是一个从未读过大学的打字员，也可能跟别人说：“虽然她不够漂亮，却是我迄今为止见过的最会说话的人。”

男人应该赞赏女人为了追求自身完美进行的改变与努力，但是许多人忘记了这一点。只要稍有留意，男士们就应该知道衣着对女人是多么重要。比如，两对男女在街上相遇，女人往往很少注意对面的男士，似乎更注重对面女士的梳妆打扮。

许多年前，卡耐基的祖母以98岁高龄离开了人世。离世前不久，卡耐基让她看了看自己30多年前的一张照片。当时，祖母老花眼很严重，已经无法看清老照片，但是她仍然询问，照片中的她穿着什么样的衣服。

一位高龄的老妇人已经卧床不起，甚至无法辨认自己的女儿，却会关心自己在30年前的照片中穿什么衣服！当时，卡耐基就守候在她的床边，对这件事留下了深刻的印象。反观很多男士，根本不会在意自己5年前穿着什么样的衣服，什么款式的衬衣。在法国，上流社会的男士都会接受专业训练，一个晚上多次赞美女人的穿着打扮。5000万法国人不可能都是错的！

有一个农家妇女，在准备吃饭的时候把一堆草放到丈夫面前，这是她辛劳一天的劳动成果。丈夫愤怒地质问，她是不是疯了。结果，这个女人反驳道："哦，我现在才知道，原来你会注意到这些。我给你做了20年的饭，在这么长的时间里，我从未听你说过吃的不是草！"

在俄国，莫斯科和圣彼得堡那些曾经很有礼貌、很有教养的贵族们都有一个习惯，如果对饭菜感到十分满意，觉得十分可口，一定会让主人把厨师请到用餐的大厅，竭力赞扬这位大厨。

为什么不把同样的赞美送给你的妻子呢？当她端上一只嫩香可口的烧鸡时，你应该果断告诉对方，她的手艺很棒，这道菜非常美味，让她知道你不是在简单地吃草。

当你准备对爱人进行赞赏的时候，别不好意思让她知道，因为这对她来说是一件快乐的事情。世人都知道，英国杰出的政治学家迪斯雷利对妻子的赞赏是那么强烈，而且他非常渴望让全世界都知道这一点。在这位小妇人身上沾了不少光，并且不会因此感到害羞。

艾迪康德在一次访谈中说："在我的一生之中，妻子对我的帮助多于这个世界上其他任何人。我们很小的时候就认识了，可谓青梅竹马，她是我前进的动力和坚实的后盾。结婚以后，她永远记得把每分钱节省下来，不断进行投资，为我积累了许多财富。现在，我们已经有 5 个可爱的孩子。她时刻都在为这个家营造幸福的气氛，如果说我有什么成就的话，那完全是我妻子的功劳。"

在好莱坞，结婚是一件疯狂、有风险的事情，就连伦敦的劳滋保险公司也不愿意为好莱坞的婚姻承保。不过，巴克斯德夫妇是一个例外。巴克斯德夫人曾经用过"勃莱逊"这个名字，她为了婚姻放弃了自己的艺术生涯，但是这并没有让她失去快乐。

巴克斯德说："虽然她失去了观众的掌声与赞美，但是随时都会收到我的掌声与赞美。女人只有在丈夫的真诚与赞赏中才能完全感受到快乐。而这种真诚与赞赏如果是真实的，它们也会是丈夫获得快乐的源头。"

【顶级思维模式】

现在，一切都已经明了。如果你想让家庭生活始终充满幸福与快乐，那么就要遵循一个重要规则：给予你的爱人真诚的欣赏和赞美。

在集体中完成你的个人理想

如何处理个人与团体的关系？最聪明的做法是把二者合在一起看，不把它们分开看。也就是说，透过团队来完成自己、实现个人抱负，在处理个人与组织关系上是一种智慧的表现。

对此，并不难理解。一个人没有团队做后盾，孤军奋战，无论有多大能耐，也难以打开局面。就好比一个人没有靠山，没有背景，他如果还四处张扬，必然遭到压制。这一点，与讲究个人表现、个人魅力，崇尚个人英雄主义，有很大不同。

秋天，大雁总是结伴往南飞，队伍一会儿呈现“一”字形，一会儿呈现“八”字形。那么，大雁为什么要编队飞行呢？

科学证实，大雁编队飞行能够产生一种空气动力，从而使得“八”字形大雁要比独自飞行的大雁多飞行70%的路程。也就是说，编队飞行的大雁能够在自己飞行的同时，为别人创造更加省力的机会，从而大家都飞得更远些。

另外，大雁的叫声激情四射，能给同伴以激励和鼓舞，使整个团队不断保持着前进的信心和毅力。在团队中，大雁不但能获得归属感，也能充满生机与活力。

然而，当一只大雁脱离飞行队伍时，它会立刻感觉到独自飞行的艰苦，所以会很快回到队伍中，继续利用前一只大雁造成的浮力向前飞行。

一个编队飞行队伍中最辛苦的莫过于领头雁。当领头雁累了时，它会退居到队伍的侧翼，另外一只大雁会取代它的位置而继续领飞。总之，大雁在集体中获得了新生，在协作中找到了自己的价值。

经验表明，治理国家的原则就是要依靠贤才和民众。信用贤才就像对自己的心腹一样，使用民众就像用自己的手足一样，这就能使国家的策略不发生失误。

每个人的智慧是有限的，你要借助他人的力量取胜，而不是一味显露自己的才华。这就要求我们善于调动各种资源，发挥集体的智慧，最终实现预期的发展目标。为此，你要把握如下几点。

第一，与身边的人实现内部信息共享。一个组织是由许多团队成员组成的，每个人都掌握着自己工作岗位上的一手信息，我们要及时全面获取来自各个方面的真实有效的信息，实现信息共享。

第二，密切关系，建立友好的气氛。信息的传递过程必须借助人与人之间的沟通来实现，想要从他人那里获得有价值信息，必须首先建立双方的良好互动关系。很显然，如果彼此关系僵化、缺乏合作精神，那么我们就不能保证信息的真实有效。

【顶级思维模式】

一个人的财富再多、地位再高，也要放下身段与大家搞好关系、打成一片。做人的时候，善于合作、保持微笑、不搞小圈子，才能融入大家庭；做事的时候，顾及对方利益、学会换位思考、懂得合作共赢，才能尽得人心。在集体中成就自己，永远是成功的不二法门。

谈论让人感兴趣的话题

西奥多·罗斯福总统拥有渊博的知识和强大的人格魅力，每一个和他交谈过的人都会对此赞叹不已。无论你是牧童还是骑士，是政客或是商人，抑或是一名工人，他都能和你交谈甚欢，不会出现无话可说的尴尬局面。

那么，为什么罗斯福能和每个拜访他的人滔滔不绝呢？原来，无论明天要见什么人，他总会在前一天的晚上推迟入睡时间，然后快速翻阅一些来访者特别感兴趣的资料。几乎所有的领袖人物都和罗斯福一样，深知在交谈时通达对方内心的巧妙方法——和对方谈论其感兴趣的话题。

查立夫先生是一位热心于童子军事业的人。有一次，欧洲要举办童子军的夏令营活动，查立夫想让一个孩子参加。但是，这位童子军需要帮助，需要有人赞助他的行程费用。于是，查立夫拜访了美国某家大公司的经理。幸运的是，他在正式拜访之前，恰好听说这位经理曾经开过一张 100 万美元的支票；并且，这张支票退回来后，被放在镜框中。

进入经理的办公室后，查立夫先生没有提及这次拜访的目的，而是请对方展示那张支票。当然，他要有一个充分的理由说服对方："我这辈子都没有听说过有人开过数额如此巨大的支票，而且我想要告诉那些可爱的童子军，自己亲眼见过一张 100 万美元的支票，那该是多么惬意的事情。"

这个理由显然打动了经理，随后他高兴地拿出那张百万美元的支票，进行展示。查立夫先生对这张支票赞叹不已，并且请经理详细地描述当时开支票的故事。随后，两个人围绕着这张支票展开了讨论。

在整个谈话过程中，经理一直十分自豪，并且心情非常愉悦。而查立夫先生一直没有向经理提及童子军和赞助的事情，直到最后经理才询问道："请问你来找我有什么事情？"至此，查立夫先生才将事情原原本本地告诉了对方。

随后，经理不但立刻答应了查立夫的请求，还给了他更多的资助。事实上，那位经理一共资助了五名童子军和查立夫先生本人，给他开了一张 1000 美元的支票，并且建议他们在欧洲多玩一段时间。

临别之时，那位经理还给查立夫先生写了一封介绍信，让他到了欧洲之后，去找欧洲分公司的经理，从那里可以得到必要的帮助。后来的事情更让查立夫先生感到不可思议，这位经理忙完手头的事情之后，亲自到了巴黎，带领查立夫先生和五名童子军游览了这座城市。而且自那以后，这位经理对童子军的事业非常热心，经常为家庭贫困的童子军提供赚钱的机会。

查立夫先生感叹，如果他当时没有找到对方感兴趣的话题，没有让对方心情愉悦起来，那么后来谈判成功的几率恐怕连十分之一都没有。

查立夫先生是一个聪明人，他先谈论对方感兴趣的话题，迅速拉近了彼此的距离。在人际沟通中，确保谈话能让对方感兴趣，会令其敞开心扉，保持愉悦的精神状态。有了好心情了，接下来再讨论更重要的话题，成功率自然就会大增。

从说服他人的角度来看，确保对方心情舒畅是成功施加影响力的基础。一个人心情不好，对谈论的话题没兴趣，必然对外界采取排斥的态度。这时候，你提出的任何建议都会碰壁。相反，谈论对方感兴趣的话题，就像催眠一样在构建一个令人愉悦的梦境，而你就有机会在潜移默化中提出自己的观点，并左右对方的决策和判断了。由此，说服他人的成功率也就大大增加。

【顶级思维模式】

令人愉悦的谈话是一种享受，并且对双方来说都是有益的。这个方法可以让你像政治领袖一样，非常流畅地与身边每一个人进行畅谈，而且都会让对方感到舒适。在这种氛围中对话，你不仅会从他人那里获益，而且这种获益会在整体上丰富你的生活。

多结交比自己更优秀的人

“近朱者赤，近墨者黑”，结交比自己优秀的人，模仿他们，学习他们，你也不会差到哪里去。然而，有的人喜欢结交比自己差的人，在内心获得一种优越感，这恰恰是缺乏社群思维的表现。

优秀的人并非竞争对手，而是一盏明灯，照亮身边的人。作为后来者，你可以学习对方的做事技巧、思维习惯、决策艺术，从而不断精进自我，获得成长与发展机会。

当然，与优秀的人相识、相处，并不像通常想象的那么困难，只要你愿意付诸努力，一定会有收获。此外，优秀的人心胸宽广、见识非凡，不会为难、轻视他人，反而容易相处。与他们在一起，你会变得越来越出色。

美国有一位农家少年阿瑟·华卡，偶而在杂志上读了一些大实业家的故事。他想详细地了解这些人的事迹，并倾听他们对后来者的忠告。

后来，华卡跑到纽约，早上 7 点就来到威廉·亚斯达的事务所。敲开第二间办公室以后，他立刻认出了面前那位体格结实、长着一对浓眉的人是谁。

高个子的亚斯达开始觉得这个少年有点儿讨厌，然而少年一开口，他就微笑起来。华卡问道："我很想知道，我怎样才能赚得百万美元？"于是，亚斯达饶有兴趣地谈论起这个问题，与华卡竟然不知不觉聊了一个小时。

随后，亚斯达建议华卡拜访其他实业界的名人。这个年轻人照做了，接连走访了一流的商人、总编辑及银行家。在赚钱方面，这些忠告并不见得对华卡有所帮助，但是能得到成功者的指引，却极大地提升了他的信心。

随后，阿瑟·华卡开始仿效那些成功者的做法，并逐步取得了一些成就。过了两年，这个 20 岁的青年成为最初当学徒的那家工厂的所有者；24 岁时，他成为一家农业机械厂的总经理。

华卡活跃于实业界 67 年，实践着他年轻时来纽约学到的成功信条，即多结交有益的人。在人生之路上，那些建功立业的前辈就是一座灯塔，能为你指明前进的方向，甚至帮你转换命运。

结交比自己更优秀的人，这是许多成功人士的经验总结。向强者看齐，学习他们的经验和智慧，是获取成功的高效方法。

【顶级思维模式】

对年轻人来说，尤其需要建立良好的、高层次的人际关系。结交优秀人才以后，你会对自己提出更高的要求，时时处处以更高的标准要求自己。在这种人际氛围中，想不优秀都难。因此，与优秀的人在一起是人生的幸运。

第10章　管控思维

凡事只要可能出错，就一定会出错

不管你多么聪明，多么优秀，总是无法避免出错。“人非圣贤，孰能无过”，错误是这个世界的一部分，坦然接受它，并尝试着减少出错的概率，才能收获更大的成功。

错误不可避免，它是世界的一部分

凡事只要有出错的可能，就一定会出错。这个定律源于 20 世纪 40 年代。当时，有一位名叫墨菲的空军上尉工程师嘲笑一个同事很倒霉，说了这样一句话："如果一件事情有可能被弄糟，让他去做就一定会弄糟。"

墨菲定律告诉我们，即使人类变得很聪明，不幸的事还是会发生。因为容易犯错是人类与生俱来的弱点，这是不可避免的。正如古人所说："人非圣贤，孰能无过？"既然我们无法避免犯错，那么就要在犯错之后勇于担当，多思考补救之策，同时努力地争取成功。

陈凯有一个果园，有一次，父亲托朋友买回一棵樱桃树。父亲把樱桃树种在果园边上，并挂了一个牌子：任何人不准碰。樱桃树长势很好，春天开满了白花。不久就可以吃到樱桃了，父亲心里特别高兴。

这几天，有人送给陈凯一把明亮的斧子。他很喜欢，拿着斧子到处砍树枝，砍篱笆，砍着砍着，就来到果园边上。看到那棵樱桃树，陈凯突然想试试自己的斧子有多锋利，能否砍倒一棵树。于是，他举起斧子砍下去，樱桃树瞬间倒地。

傍晚，父亲忙完农事来到果园，发现心爱的樱桃树被砍倒在地，顿时惊呆了。回到家后，他质问陈凯："你知道是谁把我的樱桃树砍死了吗？"

陈凯脸色煞白地看着父亲："爸爸，是我用斧子砍的。"这时，陈凯心里很难过，也非常惭愧。他知道自己干了傻事，惹父亲不高兴了。

父亲接着问："告诉我，儿子，你为什么要砍那棵树？"

陈凯结结巴巴地说："当时我正玩得高兴，想试试斧子是否锋利，没想到……对不起，爸爸。”

父亲把手放在儿子的肩头说:“失去樱桃树,我很难过;但我也很高兴，因为你鼓足勇气说了实话。我宁愿要一个勇敢诚实的孩子，也不愿拥有一颗枝叶茂盛的樱桃树。记住这一点，儿子。”

陈凯无意间砍倒了父亲心爱的樱桃树，虽然这个行为让人很生气，但是他及时认错、知错就改的态度更值得肯定，因为他具备了最为宝贵的品质——诚实。

很多人在做事的时候，虽然已经预见到可能出现的错误，但是仍然硬着头皮按照自己的方式行事，结果酿成更大的错误。更有甚至，他们企图掩盖错误，最终造成无法挽回的局面。其实，犯错也是一种成长，既然错误不可避免，那就要避免三种糟糕的态度：

第一，掩饰错误——错误总会在某个时刻无法避免地暴露出来，而且比当初更加严重；

第二，把自己的错误推到别人头上——这种做法迟早会被人看穿；

第三，对错误耿耿于怀——自我批评当然是好的，但是保持自信也非常重要。

【顶级思维模式】

成功是一个不断试错的过程，前提是勇于承担错误，因为只有从错误中吸取教训，才能弥补自己的不足；只有经历了失败的痛苦，才能真正体会到成功的欢乐；只有经历了失败的考验，才有做人的担当与责任。

科技越发达，错误与麻烦也会越大

在科技日益发达的今天，信息社会已经到来，电脑和手机的使用已经普及到千家万户。作为先进的高科技成果，它们是人类的伙伴，渗透到工作、学习、娱乐和交际的各个方面。然而，在给我们带来便捷的同时，电脑和手机也带来了不少错误和麻烦。

（1）电脑。

电脑的功能太强大了，可以说无所不有、无所不能，但是它作为无法避免犯错的人类制造的机器，自然也会犯错。而且，它不像人类，累了、病了还能再坚持一会。如果它要黑屏、死机、罢工、崩溃，从来不和你商量，瞬间就能让你辛苦一天、一周、一个月、一年，甚至数年的劳动成果消失。

毫不夸张地说，电脑比人类历史上任何可见发明都能更迅速地导致更多、更大的错误，因为它的效率实在太高了。一台电脑 2 秒内闯的祸，能赶上 20 个人 20 年干的坏事。

一次，纽约骑士资本集团的电脑系统出了问题，竟然在一个小时内就执行完了原本好几天完成的交易。这一问题导致骑士资本集团的百万股票易手，损失 4.4 亿美元，直接将该集团推向了破产的边缘。

所幸投资人临危不乱，紧急注资 4 亿美元才将集团从破产的边缘拉回来，而纠正这些错误就耗费了将近 5 亿美元。

（2）手机。

一部智能手机，除了正常的通话、短信功能，还有强大的网络互动和应用功能。它既是高像素的照相机和摄像机，也是效果上佳的录音笔，更是随时记录你位置信息和行踪的 GPS 智能跟踪器。

手机对你的一切行踪都了如指掌，它知道你跟谁最熟，聊什么内容，拍了什么照片和视频，甚至为迷路的你指引方向。在互联网时代，最了解你的不是父母，不是配偶，不是好朋友，而是你随身携带的手机。这些强大功能引发的泄密风险正在呈几何级数地增长。

也许有人认为，只要关掉手机就没事了。其实，关机只能让别人无法打通你的手机，并不代表它没有“工作”。所以，你的一举一动、一言一行，仍被“有心人”掌握。

爱德华·斯诺登在曝光美国“棱镜”情报监控项目时曾说，美国国安局与英国电信部门是通过手机麦克风进行监听的，他们绝对可以在手机关机的情况下开展对联合国秘书长潘基文、德国总理默克尔等122名外国和国际组织领导人的通话监听活动。

许多人抱有侥幸心理，认为自己只是一个普通人，使用手机能有什么损失？殊不知，随着移动互联网爆发式的增长，以及各种APP应用安装到手机上，你的手机从IMEI号到通讯录、短信、地理位置，各种隐私都会被窃取，有时连银行账号和密码也不能幸免。

今天，我们看到、听到、做过的最尴尬和最愚蠢的事情几乎都会涉及到电脑、手机。虽然这些高科技蕴藏着许多风险，但是人们终究离不开它。为了避免损失，平时要多备份，多学习电脑知识，改正不良的用机习惯；同时，也要重视保护隐私，注意防范潜在的风险和隐患。否则，一旦造成不必要的损失和麻烦，你会后悔莫及。

【顶级思维模式】

任何事物都有两面性，电脑和手机这些高科技产品为人们的生活提供了极大的便利，也带来了各种风险。做一个有心人，注意防患于未然，才能给生活提供一道安全的屏障。

如果还能更倒霉的话，那么一定会发生

早上睡过头了，以最快的速度穿戴整齐，径直朝公司奔去。可是刚走到楼下，鞋跟儿竟然断了，好不容易到了办公室，又被上司一顿训斥，

于是内心不禁抱怨：真是太倒霉了……这便是墨菲定律中“如果你还能更倒霉的话，放心你会的”之真实写照。

生活中，很多人都觉得自己是最倒霉的人，“事情糟得没法再糟了”“为什么我这么倒霉”这类话司空见惯。此时，如果你能想起墨菲定律，或许心情就会好一些，因为它会让你明白，自己目前遇到的情况并不是最糟的。

安迪正在院子里修摩托车，妻子在厨房做饭。可是，安迪不小心将摩托车启动了，而且还加大了油门，更倒霉的是他的手卡在了车把手上。结果，他被摩托车拽着朝房子的玻璃门撞去，玻璃碎了一地，最后跌坐在地板上。

妻子听到玻璃破碎的声音迅速从厨房跑出来，看到丈夫满脸血渍，立即打电话叫来救护车。安迪被送到医院救治，妻子考虑到丈夫伤势不重，就留在家里收拾残局。她先将摩托车推到院子里，又用工具把地板上的汽油收集起来并倒进了卫生间的马桶里。

过了一会儿，安迪在医院包扎完伤口回到家。由于心情不好，他在卫生间方便时抽起了烟，随后顺手将烟蒂扔进了马桶。接着，妻子在外面听到了爆炸声和尖叫声。妻子急忙跑进卫生间，眼前的一幕让人惊呆了：只见安迪躺在地上呻吟，脸被炸得乌黑，衣服已经成了碎布片。她回过神来，赶紧打电话叫了救护车。

没想到，医院派来的救护车还是刚刚来过的那辆。护工一边用担架将受伤的安迪抬出来，一边询问原因。当妻子把事情的来龙去脉讲完之后，一个护工忍不住笑了起来。下台阶时，那名护工手脚一软，结果担架倾斜了，安迪不幸掉下来，又摔断了胳膊……

这个事例虽然有些荒诞，却真实地存在于生活之中。所以，不要遇到一点糟糕的事情就抱怨不迭，觉得自己是最倒霉的那一个。真实的场景是，总有更糟的事情你没有遇到，也总有比你更倒霉的人。

生活往往充满了喜剧色彩，让人无所适从。对每个人来说，我们常常会遇到下列情形：

◎虽说好的开始未必就有好结果；但坏的开始，往往会有更糟的结果；

◎一种产品保证60天内不会出故障，有时偏巧在第61天出了问题；

◎在选择排队时，一排移动得比较快；你刚换到这一排，原来站的那一排就开始快速移动了——你突然感觉自己站错了队；

◎你往往找不到正想找的东西，等不需要的时候，它却突然出现在你的面前；

◎在电影院里看电影，你刚去买爆米花或上厕所，偏偏银幕上出现了精彩镜头；

◎有的东西搁置很久都派不上用场，可是刚刚丢掉，你就急需它；

◎你硬着头皮给暗恋对象发出微信消息，等待回复的时间有多长，你反悔的时间就有多长；

◎与恋人出游，越不想让人看见，有时越会遇见熟人。

倒霉还要继续，不要坐以待毙。不妨采取最简单而有效的方法应对：稳定情绪，及时止损；清理损失，尽快补救；吸取教训，制订对策。其实，只要周密计划，设想各种可能发生的情况或发展趋势，扭转事情发展的方向，在一定程度上可以降低倒霉概率。

【顶级思维模式】

墨菲定律带来的启示是，一个人日常担心发生的事，都是基于他对接触的人和事的观察、了解而判定，所以事情按“预想”发生的几率往往很高。如果你担心某种情况发生，那么它就很有可能发生；或者说，可能会发生的事情大概率会发生。

越聪明的人，越会允许自己出错

生活中，每当出现错误时，人们通常的反应是："真是的，又错了，真是倒霉啊！"更有甚者，要么抓住别人的错误不放，要么抓住自己的错误不放，明明是无足轻重的小失误，却要埋怨、纠结、懊悔好几天，导致接下来的事情也做不好。

殊不知，人类即使再聪明也不可能把所有事情都做到完美无缺。聪明的人允许自己犯错误，他们认为，错误的潜在价值对创造性思考有很大的作用。如果想取得成功，就不能回避错误，而是要正视错误，从中汲取经验教训，让错误成为走向成功的垫脚石。

有一次，丹麦物理学家雅各布·博尔不小心打碎了一个花瓶。他没有像常人那样懊悔叹惜，而是俯下身子，小心翼翼地将满地的碎片收集了起来。

出于好奇，雅各布·博尔并没有把这些碎片扔掉，而是耐心地将其按照大小进行了分类，并称出了重量。结果，他发现：10 ~ 100 克的最少，1 ~ 10 克的稍多，0.1 ~ 1 克和 0.1 克以下的最多。

令人惊喜的是，这些碎片的重量之间表现为一定的倍数关系，即较大块的重量是中等块重量的 16 倍，中等块的重量是小块重量的 16 倍，小块的重量是小碎片重量的 16 倍……

雅各布·博尔将这一原理称为"碎花瓶理论"，并利用这个理论对一些受损的文物、陨石等不知其原貌的物体进行恢复，给考古学和天体研究带来了意外的效果。

从哪里跌倒，就从哪里爬起来。雅各布·博尔不小心打碎花瓶后，并没有纠结、懊悔自己的失误，而是对错误的潜在价值进行了创造性观察与思考，从中总结出规律，并将其理论用于工作中。

人类社会的发明史上，有许多人利用错误假设和失败观念产生了新的创意，哥伦布以为找到了一条通往印度的捷径，结果发现了新大陆；开普勒发现行星间有引力存在，是偶然间由错误的理由得出的……可见，发明家不仅不会被成千的错误击倒，反而会从中得到启发。

在创意萌芽阶段，犯错往往是创造性思考必要的助推器。谁能允许犯错，谁就能获取更多；没有勇气犯错，就很难突破。尝试错误，才是进步的前提条件。这需要我们做到以下几点：

第一，学会接受不完美。每个人都有别人看不到的缺点，只有在特定的环境中才会显现出来，这与教育、学历都没关系。

第二，不同他人比较。每个人的生活环境都不一样，不必和任何人比较，保持上进心，做好自己的事，努力生活就可以了。

第三，选择积极应对。既然错误已经发生，那就采取措施积极应对，避免心生抱怨，甚至一蹶不振。积极作为，永远是走出低谷的正确选择。

【顶级思维模式】

人们主要是从尝试和失败中学习，而不是从正确中学习的。因此，做事不要怕犯错，犯错后要勇于从错误中找出教训，这才是走出困境的最佳药方。

经验能避免错误，但又会带来新错误

人的一生会面临很多选择，是向左走还是向右走，令人伤透脑筋。有什么样的选择，就有什么样的人生。今天的生活就是以前选择的结果，今天的选择决定了几年后的状况。然而，并不是每个人都能做出正确的选择，这也是产生烦恼的重要原因之一。

我们经常做出错误的选择，往往是因为缺乏经验或盲目利用经验的结果。经验能让人变得成熟、稳重，面对繁杂多变的事物，沉着冷静可以有效避免错误的发生。然而，如果完全不顾已经变化的实际情况，一味照搬照抄他人的经验，则会带来新的错误，甚至失败。

一个年轻人工作了几年，自以为很有能力，在各方面很有经验。为了谋求更好的发展机会，他到一家很有实力的公司应聘。

这个年轻人很聪明，依据以往的经验开始行动。经过一番调查，他了解到公司老板的喜好，准备对症下药。应聘那天，他带了一盒咖啡给老板，带了一套名贵的化妆品给老板娘，并找到老板最信任的主管说好话。

但是，年轻人落选了。随后，他愤愤不平地找老板理论。结果，对方眼皮都没抬，说道："我们公司需要的是踏实有能力的员工，而不是你这种有心机，总想凭'经验'走捷径的人。"听到这里，他无奈地离开了。

为了生存，年轻人到一个公司从事推销工作。月底核算时，他的业绩最差。上级说："你为什么无法把产品卖出去？"

他摇摇头，说："不知道。"

上级说道："因为你总是凭感觉判断客户是否需要你的产品，而不是主动开发客户，开拓市场。"

听到这里，小伙子顿时恍然大悟……

虽然经验能让人知道下次遇到同样的状况时该怎么办，但是也会让人犯教条主义的错误。因为一切事物都是发展变化的，遇到意外的情况发生，不可能用经验避免所有的错误。

值得注意的是，如果过分依赖经验，不考虑客观情况，囿于成见之中，会固化人的思路，阻挠人们接受新的事物。这样不仅不利于创新，还会产生负迁移，甚至有可能犯下不可挽回的大错误。

【顶级思维模式】

我们要正确认识经验的作用，切莫掉入“经验”的陷阱。往更深一层来说，那些掉入“经验”陷阱的人，不是经验太多，而是还不够多。毕竟一个人对世界或事物的认识程度，也是一个螺旋上升的过程。

我们为何总是信心满满地“犯错”

错觉是人们观察物体时，由于受到形、光、色的干扰，加上生理、心理原因而误认物象，产生与实际不符的视觉误差。它是对客观事物歪曲的知觉，可以发生在视觉方面，也可以发生在其他知觉方面。

生活中，人们很容易产生各种各样的错觉。比如，当你掂量一公斤棉花和一公斤铁块时，会感觉铁块重，这是形重错觉；当你坐在行驶的火车上看车窗外的树木时，会以为树木在移动，这是运动错觉；飞行员在海上飞行时，面对海天一色的景观找不到地标，经验不够丰富者往往分不清上下方位，这是“倒飞错觉”。

此外，在一定心理状态下也会产生错觉，如草木皆兵、杯弓蛇影等。心理学家做过这样一个实验：给学生一些钱，让他们掷骰子。结果发现，大多数学生都是在掷骰子之前下的赌注大。这是为什么呢？因为他们都觉得靠自己的努力能让骰子按自己的意愿转动。其实，这只不过是心理上的一种错觉，可以说是在信心满满地“犯错”。

遥想轰动全球的“泰坦尼克”号，当年的制造商曾宣称：“这是一艘永不会沉没的轮船。”结果，尽管泰坦尼克号发生碰撞的海域远离冰川密集区，“不大可能”撞上冰川，但是它仍然出了事故。其实，这条巨轮的灾难早就显现出了“预警”。

1898年，英国作家摩根·罗伯森写了《泰坦的遇难》这部小说。小说描写了一艘命名为“泰坦”的巨型邮轮，在处女航行中遇到海上大雾，触到冰山后沉没。故事情节还穿插了旅客的爱情故事，以及生离死别。

1912年，英国建造了一艘名为“泰坦尼克”号的豪华邮轮，并于同年4月10日横渡大西洋直驶纽约进行处女航行。出人意料的是，这艘号称“永不沉没”的巨轮仅航行了4天，就因撞上冰山而沉没。令人称奇的是，“泰坦尼克”号沉没的情节、过程与罗伯森笔下的小说如出一辙。

不仅如此，二者还有众多相似之处：小说中描写的“泰坦”号长度800英寸，排水量7.5万吨，载客3000人，但只备24只救生艇。“泰坦尼克”的长度是882英尺，排水量6.6万吨，载客量为2224人，只备了22只救生艇。而且，两船出事后乘客伤亡惨重的原因都是因为船上的救生艇太少。

这是一个神奇的预言，也是一个值得重视的“预警”。或许“泰坦尼克”号的建造方、管理人员没有看过这部小说，但是令人遗憾的是，他们即便看过，也不会认为小说里虚构的故事真的会在现实中发生。他们认为“泰坦尼克”号是“永不沉没”的，对自己太有信心。

其实，“泰坦尼克”号遇难之前，前面的邮轮已经发出了冰山预警。但是，信心满满的船长并未重视，仍然以最高速行驶，并认为凭着自己多年的航海经验，发现冰山后再转舵也可以避开险情。然而，瞭望员并没有装备望远镜，发现冰山时船体巨大的“泰坦尼克”号根本无法快速转弯，最终悲剧发生了……

“泰坦尼克”号船长所犯的错误就是在经验、情绪等因素的作用下产生了错觉。这种错觉导致其对眼前的客观事物盲目自信，最终在毫无防备的情况下酿成大祸。

关于错觉产生的原因虽然有很多种解释，但是迄今仍然没有完全令人满意的答案。客观上，错觉的产生大多是因为知觉对象所处的客观环境有了某种变化；主观上，错觉的产生往往与过去的经验、个人情绪等因素有关。

错觉虽然奇怪，但是并不神秘，我们可以有效克服，并进行合理利用。

第一，消除错觉对人类实践活动的不利影响。

例如前面的“倒飞错觉”，如果认真研究其成因，在训练飞行员时增加相关的训练，便可以有助于消除错觉，避免事故的发生。

第二，利用某些错觉为人类服务。

建筑师和室内设计师常利用人们的错觉，让空间中的物体比实际看起来更大或更小。例如，在一个较小的房间墙壁上涂上浅颜色，在屋中央使用一些较低的沙发、椅子和桌子，房间会看起来更宽敞；电影院和剧场中的布景和光线方向也常常被有意地设计，从而产生更好的视觉效果。

【顶级思维模式】

错误不可避免，但是可以有意识地防止其发生，从而减轻损失。在工作、生活中提升风险意识，绝不高估个人的能力，可以有效降低出错的几率。

第11章　批判思维

正确思考与决策的艺术

你还在因为盲从而走进一条条死胡同吗？你还在被传统思维模式束缚，丧失独立思考的能力吗？批判性思维，让你正确思考人生，不再因“无知”走弯路。

懂得变通，不要犄牲在牛角尖里

撞了南墙也不回头的人，不是执着，而是钻进了牛角尖里却不自知。人们常说“条条大路通罗马”，尤其是在当今这个瞬息万变的社会，墨守成规的结果往往是什么都做不成。有时候不必太过执着，多一点变通，让生活转个弯，反而会收获更多。

有些人过于倚重经验，虽然经验能够帮助我们规避陷阱，少走弯路，但凡事都有两面性，一旦被过往的经验束缚了头脑，被习惯性的思维关进了樊笼，经验就会成为无法突破自我的枷锁。

做人做事不要太死板，在适当的时候要学会摒弃经验主义，具体问题具体分析。只有这样，我们才能在理性分析的基础上，找到通往成功的有效路径。

卡特所在的州近两年推广苹果种植，由于这里紧靠高速，运输方便，吸引了不少人前来采购。

周围的人看到采购的人络绎不绝，而且价格也不错，于是一窝蜂地种苹果树。卡特是最早一批种植苹果树的农户，也确实赚了不少钱，但令人不解的是，这年春天他把苹果树全部砍掉，种上了柳树，此举一度成为当地的热点新闻。

“那么好的苹果树被砍掉，真是可惜。如果是我一定起早贪黑地静心护理，怎么舍得轻易砍掉，真是可惜！”

“有钱不挣真是傻子一个，卡特这小子就是疯了，他坚持砍果树，不想挣更多的钱，谁也拦不住。”

……

卡特听到这样的风言风语，但是从不为自己辩解，而是一笑而过。

三年后，大家一窝蜂种植的苹果树终于迎来了收获，但是这并没有给果农们带来丰收的喜悦。由于苹果产量增长了好几倍，采购价格非常低，为了避免更大的损失，大多数人都选择了低价出售。

当所有人都为出售苹果发愁的时候，卡特却在喜滋滋地迎接客户，原来他种植柳树是为了编制礼品筐。柳条编制的水果篮独具特色，十分雅致。在各大超市、批发市场，这种柳条编制的水果礼包非常受欢迎。卡特的柳条包装在当地独一无二，因此很快销售一空，还卖出了非常不错的价格。

直到这时，人们才意识到，卡特当初砍掉苹果树不仅不愚蠢，反而是懂得变通的明智之举。大家只知道种苹果赚钱，却没想到一窝蜂种植苹果树会压低苹果的价格，陷入“种苹果赚钱”的牛角尖无法自拔。

做任何事情都要坚持批判思维，拒绝盲目追随他人行动。如果一味钻牛角尖，无法对未来形成前瞻性判断，必然失去对局面的掌控，陷入被动局面。那么，如何用批判思维考虑问题，掌握变通之道呢？

第一，换个角度看问题。

你百思不得其解的问题，站在旁观者的角度来看很可能只是个小问题，所以当你迟迟找不到解决办法时，不妨换一个角度，转换思维，寻找新的突破口。

第二，学会跳出惯性思维。

惯性思维是导致我们钻进牛角尖的一个重要因素。如果不想被其束缚失去变通能力，那就从现在开始跳出惯性思维，有意识地用新办法解决问题。

第三，辩证性地看待问题。

从哲学角度来讲，任何事物都具有正反两面性，要学会用辩证的眼光看问题，从正反两方面，不同的角度、立场去思考问题。只有这样我们才能懂得变通的意义，才不会被思维困在原地。

【顶级思维模式】

在错误的路上，越执着的人往往错得越离谱。千万不要被固化的思维来缚住头脑，学会批判性地考虑问题，懂得变通做事，才能更容易找到通往成功的路，收获更加快乐的人生。

大势不好未必你不好

做任何事情都要注重趋势，找到适合自己的发展路径。研究社会经济不难发现，大多数公司都是在对市场的混沌认识之下发展起来的，往往无法把握未来的发展趋势。

在互联网刚刚被大家认识的时候，搜狐、新浪这些公司的创业者们也不知道网站到底怎样做才好，甚至走了一些弯路，最后才回到正确的轨道上来。那时候，互联网还没有形成规模，还不被大多数人了解和看好。在大势不好的情况下，早期创业者用自己的智能成就了互联网的繁荣时代，公司规模迅速扩张，并成功上市。

然而物极必反，随之而来的是被业界称之为的“互联网的冬天”。恰恰是在这个冬天里，另一家公司却实现了事业的强势转折，阿里巴巴创始人马云在当时呐喊：“让互联网的冬天更长一些吧！”

在他看来，行业发展遭遇寒冬尽管恶化了公司的外部环境，但是大浪淘沙之后却磨练了队伍，也天然地消灭了无数竞争对手，一旦春天来临公司会迎来发展的新天地。

因此，大势不好未必你不好。谋大局者要善于在行业发展的冬天生存下去，而不至于倒下，这样才能延续生命，甚至获得新的发展机遇。“当行业热潮渐退的时候，业界开始流传冬天来临的说法，那么如果说真的是冬天的话，这个冬天到底是谁的冬天？”冬天来临，究竟鹿死谁手还不知道呢，只有坚持下来才能笑到最后。

坚持批判思维更有助于把握大势，避免被牵着鼻子走。以企业为例，遭遇发展危机并非只是外部环境作用的结果，根本原因还在于内部出了问题。为此，经营者要避免以下几种错误决策。

第一，业界的浮躁，导致一种新理念兴起而盲目跟风，最后公司垮掉。比如，一个城市突然冒出上万家 ×× 店，而且卖的东西都大同小异，严重供过于求，到最后能不死掉一批吗？

第二，盲目追捧和投资。许多人只是听说某行业很赚钱，就盲目跟风，导致到最后市场不但饱和，而且都把产品做烂了，所以死了一大批公司。

大势不好的时候，行业内一些发展不良的组织会倒下，这非但不是冬天来临，反而有利于行业的良性发展。因为正是这些落伍者的死掉，给众多盲目的追随者敲响了警钟，从而理性思考未来发展的问题，结束浮夸成风、急功近利的做法。有大格局的人能够看清这一切，在理性思考中牢牢把握前进的方向。

【顶级思维模式】

大趋势里蕴含着发展良机，也隐藏着陷阱。拥有批判思维的人能够全面、理性看待这些问题，不迷失方向。现实世界永远是一个鱼龙混杂的局面，我们既要懂得追随大势去行动，也要相信“大势不好未必你不好”。

你认为不值得去做的，往往无法做好

人们常说，鞋子合不合适只有脚知道。在生活中，常会有方方面面的比较，应不应该和值不值得便成为了我们是否做一件事的衡量标准。

比如初入职场，由于经验不足，人脉不广，总是会被安排做一些出力不讨好的工作，或者被扔在一个无人问津的小角落。这时你肯定会认为，自己根本不应该花时间去做这些不值得做的事情。

当你不得不做自己认为不值得的事情时，敷衍了事。

人们总是主观臆断一件事情值不值得做，却不考虑自己究竟能否完美地完成它。静心想想，当自己面对一件看似微不足道的小事情时，是否能够很轻松地把它做到尽善尽美呢?

高欣是一名设计师，大学毕业后，应聘到一家建筑公司上班。她常常在公司和工地之间奔波，因为不断进行实地勘察才能避免工程出现错误。这样一来，她非常辛苦。

在设计部，高欣是唯一的女员工，老板曾说这种体力活她可以不参加，但是，为了更好地完成工作，她从未缺席，就算爬很高的楼梯，或去野外勘测，她也从不抱怨。在这件事上高欣做得比许多男同事还好。

有一次，老板下达了一项紧急任务：3 天之内给客户制订一套可行的设计方案。几乎所有人都认为，时间太短了，不可能完成，而且也没有额外的酬劳，不值得去做。老板非常无奈，想到高欣平时挺勤快的，最后就把项目交给她来做。

高欣没有考虑这项任务值不值得去做，拿上相关资料就直奔工地。在接下来的 3 天里，她没有吃过一顿饱饭，没有睡过一个好觉，脑子里想的全是项目，只想着怎么样把它做到最好。遇到不会的东西，她积极查资料，虚心地请教同事。没想到，一开始被大家认为难度太大的项目，最后高欣却完成得很好。

经过这次事件，高欣成了大家关注的焦点。不久，她被老板破格提升为设计部的主管，薪水增加了好几倍。之后，老板在会议上说，不只是因为上次的任务完成得好才提拔高欣，更重要的是，她不会应付上司交代的任务，任何时候都拼尽全力。

工作中不存在任何微不足道的小事，每件事都需要认真对待，努力完成，态度是至关重要的。当你认为一件小事不值得去做时，你可能错过了一个做大事的机会。

很多人有眼高手低的毛病，面对自认为不值得做的事情，他们会找各种理由搪塞。可是，在做一件自认为值得做的事情时，又常常做不好。事实上，每一件大事的成功，都是平时认真做小事积累经验的结果。

【顶级思维模式】

总是找借口推脱，就会错失良机，忘记自己的职责。所以，与其花时间和精力去判断一件事情是否值得做，不如认认真真做好每件事情，这既是对工作负责，也是对自己的人生负责。

抄近路往往是最远的路

“两点之间直线最短”这个几何学公理给人们造成一个错觉：从一个点到目标点，走直线最近。于是，人们都学会了抄近路、走捷径，美其名曰“节省时间”。

生活中，行人为了抄近路，不惜横越马路、跨越围栏，结果酿成惨祸；开车的为了抄近路，不惜走陌生的小路，结果出现意外状况，绕来绕去走了许多冤枉路。

工作中，自作聪明的人做什么事都喜欢耍心眼，结果被淘汰出局；自私懒惰的人，总想投机取巧、不择手段挣快钱，结果受到了道德的谴责和法律的制裁。

在现实中，两点之间绝大多数情况下无法走直线。如果做事情总想着抄近路、走捷径，不仅难以快速到达，反而要花更多的时间。

一个天高云淡、风清气爽的周末，王毅约了几个好朋友一起爬山。一路上，大家有说有笑，不知不觉就爬到了山顶。

到了返程的时候，大家都有些劳累了，于是想找捷径下山。这时候，王毅突然发现前面有一条羊肠小道，似乎有人走过。从这条路远远望去，还能看到山下的停车场。于是，他把这个好消息告诉了大家。

大伙儿一看，果然是一条捷径！他们非常高兴，当即决定沿着这条小路快速下山。然而，走了一段路之后，他们看见了一道断崖，小路在此一拐，伸向远方的一个小山村。大家一筹莫展，只得先向山村方向走。中途又拐上另一条弯弯曲曲的小道，结果迷路了，被围困在峭壁悬崖边无法下山，最后只得报警求助。

当救助人员赶赴现场时，他们已经被困7个小时了，饥饿和寒冷使得几个人抱在一起发抖。

人总是想走捷径，即使吃了亏也很难彻底改变，这是人类的惰性和自作聪明使然。社会的发展日新月异，人们比以往任何时候都想更快达到目的，但需要注意的是，在这一过程中万万不可触碰了底线。

【顶级思维模式】

寻求变通无可厚非，然而首先必须对眼前的情况或要解决的问题有一个全面的分析。只有有一双发现的眼睛、敢于创新的头脑，才能找到与众不同的解决之道。否则，盲目地走捷径，只会踏上弯路。

人的伟大之处在于知道自己很渺小

今天不知道明天会发生什么，甚至此刻也无法预计下一秒的状况。即便你做好了准备，计划了许久，生命的轨道也会因为某一个意外而偏离原先预设的方向。在大的自然面前，人显得那么渺小。

或许昨天你还看到一张鲜活的笑脸，但是今天他就可能陷入伤感的状态。人生充满了偶然性，但是总有一些美好的事情令人振奋、期待。所以，面对那些令人难过的事情和局面，请倍加珍惜眼前的好时光。

菲比是一个小说家，从小就喜欢写作，大学读的也是文学专业。凭借文学方面极高的领悟力和想象力，她年纪轻轻就出版了两部小说，并且非常畅销。然而谁也没有想到，菲比进行体检的时候被查出患上了脑瘤。

起初，菲比单纯地以为这是一个小手术，只要把肿瘤切除就能恢复健康。后来，得知脑瘤的危险性比一般的癌症还要大，她仍然被吓到了。然而，菲比很快调整好情绪，开始乐观地面对一切。

她积极配合医生进行治疗，做好了承受各种痛苦的准备。化疗的时候，头发几乎都掉光了，这对一个女孩子来说是莫大的打击。但是，菲比看起来非常积极乐观，并没有消极避世。没有了真头发，她就买各种各样的假发，还开心地对大家说，自己终于可以天天换发型了。

生活中，菲比坚持与朋友们聚会、郊游，珍惜每一次与大家相处的机会。当然，她也没有放弃自己的爱好——写小说，还用文字把自己的这段经历记录下来。在日记中，她详细描述了每天发生的事情，并感恩生命给予的爱。

与那些在痛苦中消沉的人不同，菲比没有埋怨上帝为何让自己生病，她享受眼前的每一分、每一秒。她说，如果不是因为脑瘤，她可能不会意识到朋友和家人的重要性，也不会有这么好的题材去写小说。

菲比终究离开了这个世界，但是她没有留下遗憾和痛苦。她微笑着与这个世界告别，在家人和朋友的陪伴下度过了余生，给大家留下了一本充满欢乐和力量的小说。

菲比展示出了可贵的乐观精神，并以此影响了身边的朋友。她的文字长久保存下来，给更多人带来思考和启发。人不能沉浸在生命无常的宿命论中，而要感受生命的美好，这是菲比的精神遗产。

生命中不会总是晴空万里，也会有阴云密布的日子。懂得珍惜与感恩的人不会陷入悲伤，他们永远对生活充满信心。经常会有人抑郁满怀地走在校园里、大街上，常常听到有些失恋的朋友说再也不相信爱情，更多的人则会被忧伤操控，无法打起精神将坏日子过好。

拥有批判思维的人不让阴霾阻挡阳光，他们能看到生活中艰辛的一面，也懂得珍惜眼前的每一分每一秒。所谓“忧伤”，不过是消极面对生活的一种感受，认真而努力地活着，感谢每一个或阴或晴的日子，不辜负天赐的好时光。

【顶级思维模式】

生命无常，上帝难免会误伤好人，但是贵在有人懂得珍惜。不知道从什么时候开始，很多东西和以前不一样了，面对这些变化和不如意，有智慧的人选择包容和理解，给悲伤的日子涂抹上欢喜的色调，于是原本脆弱的心也变得强大。

爱护每个人，哪怕是你的敌人

众所周知，爱护自己很容易做到，但是像爱自己一样爱护世上的每个人，做起来很难。不过，犹太人做到了这一点，他们信奉这样一句话："谁是最强大的人？化敌为友的人。"

在历史的长河中，犹太人受尽迫害，历尽坎坷，人生几乎就是奔波亡命。当犹太人有能力主宰异族命运的时候，他们却并不像当年遭受迫害追杀那样迫害、侮辱其他民族。相反，他们以平常心对待其他人，甚至用爱心帮助对方。

约瑟夫是雅各的儿子，从小很聪明，深受雅各的喜爱。结果，他遭到了兄长们的忌妒，被卖到埃及为奴。出乎意料，长大后的约瑟夫在埃及成为宰相。

有一年因为家乡闹饥荒，兄长们结伴来到埃及寻求食物，刚巧碰上了约瑟夫。看到兄长的那一刻，约瑟夫高兴得情绪失控，对着仆人大喊："所有的人都让开！"

等仆人离开后，约瑟夫走到哥哥们面前说："我是约瑟夫，我的父亲还好吗？"可是，哥哥们此时并不认识约瑟夫，一时间不知道说什么，也不知道该怎么办。

接着，约瑟夫又对哥哥们说："你们走近些，看清楚，我是你们的约瑟夫，你们曾经把我卖到埃及。"

兄长们简直不敢相信自己的耳朵，意识到眼前的一切都是真的，顿时惊诧地说不出话来。他们看着约瑟夫如此威风，权倾天下，心里充满了恐惧。

然而，约瑟夫却说："现在，你们不要因为把我卖到这里而自责不已，那是上帝为了救我的命，才把我送到了这里。家乡发生了两年饥荒，我到埃及恰好多开了灾难，以一种特别的方式活下来。”

约瑟夫把自己少年时所受的苦难，看成是上帝拯救自己的行为。显然，这是一种宽己待人、化敌为友的待人之道。

在犹太人的心中，无论什么民族、什么国家的人，都应该视为兄弟。只要是兄弟，就应该爱护每个人，关心每个人。对犹太人来说，爱护就是为了给予别人而放弃自己的某种东西。作为一种善举，给予爱护的时候千万不可轻视对方，否则宁可不要表达关爱。

如果关爱别人，是为了获取更多好处，那么这种关爱就没有任何存在的意义了。“爱别人是无条件的”，不仅是犹太父母时常给孩子灌输的一种品质，更应该成为每个人的博爱情怀。

推己及人，犹太人的这种爱护也是个人价值的体现。犹太商人一直认为，爱护每个人，包括自己的敌人，才能在商界长久地立足，才能获得更多的财富和人脉资源。

【顶级思维模式】

《塔木德》说：“人的心胸，应该比红海更广阔。”聪明的犹太人懂得，宽阔的心胸和豁达的处世方式会让自己赢得更多的朋友。只有爱护身边每个人，才能得到他人的关照。犹太人始终记得，怎么对待别人，别人就会怎样对待你，如果你能爱护世界上的每个人，那么就会得到全世界。

第12章　结构思维

以架构的思维看世界

万丈高楼平地起，搞清楚“结构”再行动至关重要。如果想迅速找到“核心”“关键点”，如果想条理清晰、工作轻松，从今天起，提升你的结构思维吧！

准确定位让你脱颖而出

哈佛教授哈恩曼经常给学生讲这样一个故事：

一个乞丐站在路边，手里拿着几个橘子。这时，一个商人走过来，将几枚硬币塞给乞丐后匆匆离开了。过了一会儿，商人又回来了，对乞丐说："对不起，刚才我忘了拿橘子。"

乞丐面露难色，说道："我只有这几个橘子了，没有打算卖掉它们。我只是站在这里等好心人的施舍。"商人摇摇头，坚定地说："我认为我们都是商人。"

很多年之后，这位商人再次见到了当年那个乞丐。此时，他衣着鲜亮，打扮入时，已经成为一位成功人士。他对这位商人表示了感谢。正是因为当年对方将自己定位成商人，他才拥有了今天的生活。

哈恩曼教授向大家分享这个案例，是强调一个观点：位置决定人生道路。那么，这个观点背后有怎样的逻辑呢？

第一，每个人都处于不同的位置，你将自己定位成什么人，就会朝着这个方向努力。

每个人的精力和时间都是有限的，然而即便是一个弱小的生命，如果将全部精力集中到一个目标上，也会有惊人的成就。反之，即便是一个强大的生命，如果分散精力，最终往往一事无成。

英国《自然》杂志收录过一篇文章，一位学者去丛林考察，无意中看到了一只小鸟与一条猛蛇大战的全过程：

一只麻雀那么大的小鸟在觅食过程中遭遇一条猛蛇袭击，它没有逃跑，而是寻找机会用尖喙一下一下地啄猛蛇的头部。小鸟的力量非常小，一两次的袭击根本不会对猛蛇造成伤害。可是，这只小鸟不断地袭击猛蛇，而且每次的袭击点都在同一个位置。终于，经过上百次的攻击，小鸟竟然让那条猛蛇丧命。

从各方面来看，小鸟均处于劣势，但它为何能成功制服强大的猛蛇呢？因为小鸟瞅准了一个点，将自己的全部力量集中于此，经过无数次的攻击，最终打败了猛蛇。

第二，定位在什么样的位置，会影响人生的道路。

一个定位往上攀登的人，他的心永远向上；反之，一个甘心成为别人绊脚石的人，永远不会有大成就。正如哈恩曼教授提到的“乞丐”，在外界的指引下将自己定位为商人，而非沿街乞讨的人，终于成了一名衣食无忧的商人。

可见，不同的人会给自己不同的定位，而这个定位将决定其未来的人生道路。如果你长时间努力工作，却没有准确的定位，那么一切努力都是徒劳。一个人是否能够成功，不在于他做了多少工作，而在于他做了什么工作。不同的定位，成就不同的人生。

很多人看似忙忙碌碌，可是最终一无所获。原因不是因为他们不够努力，也不是因为他们不够聪明，而是因为他们不懂定位，没有将自己的精力集中于一个目标。我们将人生比作一次远行，从起点到终点如果只有一个方向，那么到达的距离会很远；但是，如果有很多方向，则会出现一个结果：原地画圈，走不了多远。

【世界顶级思维】

人的时间和精力是宝贵的，不同的选择成就不同的人生。给自己一个科学、合理的定位，并为之不懈奋斗，更容易突破自我，抵达成功的彼岸。

用目标约束自己，努力实现梦想

想要实现梦想，必须首先设定明确的目标，并矢志不渝地朝着目标前进，有不达目标誓不罢休的精神。也许在几年之内你并不能实现梦想，但是只要一直努力下去，你会发现自己离梦想越来越近了。

很多人不知道自己的人生该往哪里走，是因为没有明确的人生目标。对自己的人生做好规划，未来就是一张宏伟的蓝图；如果没有做好规划，那未来将是一幅零散的拼图。

在百米竞技的世界里，苏炳添是第一个跑进10秒的黄种人。这位“亚洲飞人”懂得树立目标，并用目标严格约束自己。当然，他的成功并非一帆风顺，在早期也曾因为训练太苦，险些放弃短跑。

在2011年全锦赛上，苏炳添打破了全国纪录。面对巨大的成功，他有些“自满”，开始享受起安逸的生活，训练也不像以前那样刻苦了。到了2013年，他保持的纪录被张培萌打破，这令他顿时产生了深深的挫败感，悔恨自己为何没有严格训练，进一步提升自己。

随后，苏炳添为自己设定目标，并不断突破。2014年，他为自己定下了两年之内“突破10秒”的目标，之后，他开始向这个目标努力。为了保证训练时间，苏炳添拒绝了大量采访，与安逸的生活彻底隔绝。

为了实现“破10”的目标，苏炳添对训练提出苛刻的要求，任何细节都不放过。他发现起跑的时候，左脚出发比右脚出发奔跑起来更加有力，更加顺畅，于是，他向教练提出了换脚的请求，这一改变让他在100米跑中提升了速度。

经过一番严格的训练，目标终于变为现实。2015年5月31日，在美国举办的国际田联钻石联赛尤金站比赛中，苏炳添以 9 秒 99 的成绩夺得季军，实现了自己两年内突破 10 秒的目标。清晰的目标加上刻苦的训练，让苏炳添创造了历史。

人生拥有清晰而明确的目标，做任何事都不会迷失方向。那些一事无成的人，往往没有设立目标，或者虽然设立了目标，却没有将其付诸实践。

同样的学历、智商和努力程度，有清晰、长远目标的人，经过不懈努力更容易成为社会各界的中流砥柱；那些拥有短期目标的人，虽然没有到达金字塔顶尖，但也会小有成就。那些没有目标的人，大多生活在社会最底层，为了生计而奔波，生活一片灰暗。因此，用目标约束自己，努力实现梦想，是迈向成功的必经之途。

【世界顶级思维】

没有目标的人生，会失去方向，不知道自己的使命在哪里。有了目标而不懂得用目标约束自我，结果也只能半途而废。

建立你的事业的蓝图

在一次国际马拉松大赛上，一位身材瘦小的运动员出人意料地获得了冠军。当记者请这位运动员谈获胜的秘诀时，他说："在比赛前，我将 42 公里的比赛路线走了一遍。先走了几公里，看到了一棵大树，又走了几公里，看见一座红色的房子，再走了几公里，看见一座小桥。"

事实是，这位运动员把这些标志物都记在心里，比赛一开始，他就快速冲到第一个目标——大树；这时他知道已经前进了一大步。接着他又满怀信心地冲向下一个目标——红房子，再下一个目标——小桥。每当他到达一个小目标的时候，他知道自己离终点就靠近了一步，所以当别的运动员越跑越感疲惫的时候，他却怀揣明确的目标和信念，毫不松懈，一鼓作气，第一个到达了终点。

在每个家庭的每张桌子上面都有一台个人电脑，这是比尔·盖茨的梦想。当然，让电脑运转起来，出色工作，则需要自己编写出优秀的软件。

盖茨的父亲是西雅图的一位著名律师，所以小时候他酷爱阅读的不是儿童图书，而是法律和商业方面的杂志。这在很大程度上培养了盖茨的商业素养。到了 19 岁那年，盖茨正式创业，仅仅十多年的时间就成为世界首富，其思考模式、做事方法都与其他企业家大不一样。

其中，很重要的一点是比尔·盖茨在创业之初有一个独特的计划。按照盖茨的设想，软件不应该只用来自娱自乐，而应该承担更多商业价值，变成盈利的工具。事实上，盖茨是第一个提醒人们重视软件非法复制问题的程序员，也是他结束了最初一些编程人俱乐部所倡导的开放共享的传统。

1975 年，盖茨和艾伦为阿尔塔公司开发出了一套 BASIC 程序软件，然而就是这套简单的程序，让濒临破产的艾德·罗伯茨重获生机。几乎在一夜之间，这家公司不但摆平了 30 万美元的赤字，而且还有了 25 万美元的盈余。

这一巨大成功，让盖茨看到了自己的企业计划是那么优秀，有着那么美好的发展前景。于是，盖茨决定将自己的财富之路设定在通过销售软件来赢得市场。于是，1975 年夏天，盖茨与罗伯茨正式签署了许可协议，着重申明了关于 8080 计算机的配套软件的使用权利，并按每个拷贝收权利金：4K 版本 BASIC 每个拷贝 30 美元；8K 版本 BASIC 每个拷贝 35 美元；扩展 BASIC 每个拷贝 60 美元。

当时，这个有效期为 10 年的协议给予了微型仪器公司独有的在全世界范围使用和许可 BASIC 的权利，包括向第三者发放从属许可的权利。但是精明的盖茨在协议中同时也声明，微型仪器公司同意全力以赴许可、推进并使 BASIC 商业化，如不能尽力，将构成此协议终止。

伴随着艾德·罗伯茨的微型仪器公司蓬勃发展，BASIC 商业化稳步推进，盖茨的软件逐渐再整个市场上占据越来越多的市场份额，为微软的崛起奠定了基础。

更重要的是，这个协议最后成了不断兴起的计算机软件贸易的许可证制度的范本，成为这个行业的法律标准。并且，按每个拷贝收权利金的软件转让方法，也在当时开了软件盈利模式的先河。在商业实践中，盖茨得到了一个越来越清晰的创业计划：通过开发软件并进行市场推广，从而达到盈利的目的。

后来，盖茨按照这个计划，在软件开发推广的道路上高投入、捆绑销售，一步步把微软公司做大、做强，也从根本上推动了软件业从无到有，一直发展到今天蓬勃兴旺的境地。

在事业上获取成功是一个累积的过程，一开始就做出长远规划是关键。如果你有一个 5 年或者 10 年的成功目标，而且能够周密地计划，坚定地执行，那么因为计划，成功率还是很高的。

詹姆斯·科林斯和杰里·波拉斯在伟大著作《基业常青》中有一个著名的研究结论：卓越的公司并不是一开始就建立了“伟大的构想”。因此，制定战略计划，要瞄准未来三五年的事，立足现实。对个人来说，规划你的事业蓝图也要遵从这个原则。

【世界顶级思维】

当你选定了行动目标之后，必须制定出一份完整的计划书，这样更容易实现目标，让梦想成真。建立你的事业蓝图，是规划职业与人生的过程，在制定发展战略的时候需要求实精神，结合自身特长、兴趣等要素进行科学分析，学会走一步、看三步。

艾森豪威尔法则：分清主次，高效成事

艾森豪威尔法则又称四象限法则，由德怀特·戴维·艾森豪威尔提出，是指处理事情应分主次，根据紧急性和重要性，将事情划分为必须做的、应该做的、量力而为的、可以委托别人去做的和应该删除的五个类别。

德怀特·戴维·艾森豪威尔是继格兰特总统之后，第二位职业军人出身的总统，曾获得过很多个第一。为了应付纷繁的事务，并高效处理，他发明了著名的“十”字法则，画一个十字，分成四个象限，分别是重要紧急的，重要不紧急的，不重要紧急的，不重要不紧急的，然后把需要做的事情分好类放进去，再按主次采取行动，从而让工作、生活高效运行。

很多时候，人们总觉得身边有“时间盗贼”，没做多少事情，一天就过去了。忙忙碌碌，年复一年，业绩却寥寥无几。这是因为你 80% 的精力去做了只会取得 20% 成效的事情，做事不分主次必然会导致效率低下。

研究发现，任何东西都有根本有枝末，每件事情都有开始有终结。明白了这本末始终的道理，就接近事物发展的规律了。做事要认清“本末”、“轻重”、“缓急”，并按正确的顺序行动。

安然是一家公司的秘书，日常工作是撰写、整理、打印材料。很多人认为这份工作单调乏味，但她自己却说能够从中学到很多东西。她说：“检验工作的唯一标准，就是你做得好不好，而不是其他因素。”

安然深知做事情分清主次才能出效率，所以她在工作时很注重条理性。虽然工作繁杂，但她做的井井有条。后来，她发现公司的文件存在很多问题，甚至经营运作方面也存在问题。于是，除了每天必做的工作

之外，她细心搜集了一些资料，并把它们整理分类进行分析后，写出了建议。

经过两个月的努力，她把自己的建议交给了老板。起初老板并没有在意，后来老板无意中看到那份建议，读完之后非常吃惊。他没想到这个不起眼的年轻秘书，居然对公司的事情这样上心，有这样缜密的心思，而且她的分析主次分明，细致入微。

于是，老板立即召开中层会议，讨论并采纳了安然的大部分建议。结果，公司的运营效率提高了，挽回了许多不必要的损失。

老板认为公司有安然这样的员工是福气，因此对她委以重任。

如果想提高工作效率，一定要分清主次、轻重、先后，学会抓重点、抓中心、抓关键。高效地做好一件事情，做精一件事情，同样要懂得合理分配时间，利用好最关键的资源，并做到重点出击、重点突破。那么，如何分清主次，提高自己的做事效率呢?

首先，应该将事情归类。把每天要做的事情写在纸上，按照艾森豪威尔法则进行归类：1. 必须做的事情；2. 应该做的事情；3. 量力而为的事情；4. 可委托他人去做的事情；5. 应该删除的事情。

其次，确定必须做的事情由谁来做。是否必须由我做?是否可以委派别人去做，自己只负责督促?

最后，合理分配时间。高效能人士用 80%的精力做能创造更高价值的事情，用 20%的精力做其他事情。所谓创造更高价值，即做符合“目标要求”或自己比别人更擅长的事情。

【世界顶级思维】

运用艾森豪威尔法则，抓主要矛盾、解决关键问题，就能避免把时间和精力花费在次要的事情上，从而提高办事效率。

不妨尝试一下换位思考

在这个世界上，一个能够站在对方立场上思考问题的人，才是真正伟大的人物。学会换位思考是如此重要，然而在我们身边，很少有人把它当做一种修养。人们习惯蹂躏他人的感情，不留一丝余地，为了强调我方的利益，甚至不惜提高音量。

经验表明，把自己的利益诉求放在第一位，而忽略了对方的需求，不仅无助于双方良好关系的建立，也会导致自我放纵，而对周围的人和事自怨自艾。

瑟琳娜在芝加哥的一家大型广告公司做设计师助理，然而在近两年工作时间里，她过得并不快乐。“整个公司的人似乎都在有意冒犯我，好像每天除了工作便是与同事争吵。”瑟琳娜常常对好友珍妮诉苦，对方无非是劝她忍让一下，凡事别太计较。

一个周末，瑟琳娜与珍妮约定去郊外散心，舒缓一下紧张焦虑的心情。然而，到了约定的时间，珍妮却迟迟没有来。瑟琳娜原本就心情不佳，看到好友迟到不禁变得更加气愤。她到附近一家咖啡馆，借用这里的电话打给珍妮。

“你在哪里呀，难道忘记我们的约定了？”瑟琳娜有些怒火中烧。

“哦，亲爱的，十分抱歉，我出门的时候不小心跌伤了。”珍妮感到十分抱歉。

“天哪，严重吗？有没有去医院检查？”瑟琳娜为自己的愤怒感到过意不去。

“没什么大的问题，医生刚走。”珍妮说。

原来，珍妮害怕瑟琳娜找不到自己，并没有立即去医院，而是回到家，请医生上门检查。同时，等待好友的电话。

瑟琳娜得知真相后感到十分羞愧，急忙赶到珍妮家中，并向她道歉：“对不起，珍妮，我不知道你受了伤，我竟用那样的语气对你说话……”

“没关系，如果我是你，或许也会生气。”珍妮的话让瑟琳娜更为羞愧。

“谢谢你站在我的角度考虑问题，可我从来没有像你这么做过。”说到这里，瑟琳娜似乎明白了什么。她想起自己与另一位助理艾丽争吵的事情。

当时，瑟琳娜正在整理资料，艾丽递给她一杯咖啡。或许是因为着急，咖啡洒在了资料上，瑟琳娜立刻火了，责怪艾丽添乱。显然，艾丽也很委屈，毕竟自己是一片好心。于是，两个人争吵起来。就这样，瑟琳娜又失去了一个朋友。

“我为什么不能像珍妮一样，站在别人的角度考虑问题呢？”瑟琳娜陷入沉思。后来，她在工作中像换了一个人。别人不小心做错事，她选择了原谅，而不是争吵；一旦自己说了过头的话，她会在事后主动向对方道歉。就这样，瑟琳娜变了，她不再是一个难缠的同事，反而成为极具亲和力的朋友。当然，她也越来越享受工作的时光，因为学会换位思考之后，周围的一切都变得那么美好。

瑟琳娜其实并不是一个难缠的人，只因为她从不换位思考，所以把人际关系搞得非常糟糕。久而久之，她就成了大家眼中的“自私鬼”、“难缠者”，没有人喜欢与之交往。一旦正常的人际关系出了问题，瑟琳娜就禁锢在自己的小圈子里，自然变得闷闷不乐。

而当瑟琳娜学会换位思考之后，她不仅理解了周围的人，也得到了众人的理解，于是原来的愤怒和争吵不见了，取而代之的是和谐、欢乐的融洽氛围。在这样的环境里做事，又怎么会不幸福呢？

其实，很多事情只要换个角度去处置，就会变得轻而易举。比如，看到他人陷入困境，你就应扪心自问：“如果我处在他的位置，会有何感受，有什么反应？”习惯了换位思考，能够做到设身处地为别人着想，就容易妥善处置复杂的人际关系，省去很多烦恼。久而久之，不但原来的抱怨声消失了，还会赢得别人的尊重。

掌握结构思维的要诀，尝试换个角度考虑问题，站在别人的立场上思考，你会发现天地变大了，心情也豁然开朗。更重要的是，你开始懂得付出，并赢得外界的尊重，生命里只剩下快乐、轻松。

如何做到换位思考呢？除了站在对方的角度考虑问题，还要去“理解”他人的想法和感受。从对方的立场来看问题，以别人的心境来感受这个世界，从而真正完成一个“移情”的过程。此外，做任何事情都要真诚，你要发自内心地替别人着想，就好像为自己考虑一样。

【顶级思维模式】

站在对方的立场上考虑问题，是理解对方的基本方法。那些固守己见，不能照顾他人感受的人，很难得到大家的认可。习惯抱怨他人处事不周，却很少反思自己的行为，是大多数人的通病。从心理学角度分析，人性的自私是这一切争端的起因。

设计好说话的路线图

结构思维提醒我们站在全局的高度考虑问题，设计好说话办事的步骤。思路清晰了，行动起来就会游刃有余，始终保持最佳的状态。

以演说为例，一篇完整的措辞包括开头、主体与结尾。其中，开头部分是为了吸引听众的注意力，让大家耐心听下去；主体是具体的演说内容，可以根据需要灵活涉及；结尾是为了让听众对整场演说有一个全面的认识，给人留下深刻的印象。

开头、主题、结尾缺一不可，就像一个三角形，缺少了任何一条边都将崩塌。为此，根据演说的构成设计好说话的路线图，就容易完成一场成功的当众演说。

让我们回到谈话的开头，首先你要唤起听众的兴趣，所以高明的人不会忽略开头的重要性。看到台下的听众坐在椅子上，就认为他们已经做好了倾听的准备，这显然是一种错误认识。殊不知，这时候听众的脑海里其实正在“忙”自己的事情，他们也许在考虑演讲结束之后要不要去逛街、晚饭应该吃什么，等等。所以，如果演说开头没有足够的吸引力，听众的注意力是不会转移到你这里来的。

可以说，一个绝佳的开头是一场演说能否取得成功的基础。在构建开头的时候，演说者最需要考虑的问题是听众在乎什么。可惜，太多的演说者把开头用来寒暄，打招呼，浪费了宝贵的时机。

当你开始讲话的时候，为了引起听众的注意应该谈论听众，告诉他们这场演说的重要性，能给他们带来哪些好处。如果演说的内容有大家需要的东西，自然可以吸引他们的注意力，而你会在瞬间成为现场注目的焦点。

引起了听众的注意之后，演说就应该进入正题了。这时候，努力把听众带到事先设计好的“路线图”中，你就成功了一半。好比一次旅行，当游客都上了车，接下来就要给大家介绍这次旅行途中有哪些景点，会在哪里下车，参观哪些名胜等。

当然，告诉听众演说内容的时候，要注意用语简洁。否则，听众会觉得这场演说时间很长，从而失去耐心，产生不耐烦的情绪。

接着，你就可以进入主体部分了。在这个阶段，演说者要集中全力刺激听众发现新的知识，产生兴奋点，这样大家才会兴趣浓厚地听下去。

这时候，演说正式步入正轨。换位思考就能发现，相对于被强行灌输知识，人们对自己发现的新知识更有兴趣，并对演说保持足够的注意力。

在演说主体部分，可能会有几个话题。这时候需要注意，每次讲完一个话题最好进行适当的总结。显然，听众需要对刚刚讲过的内容有一个强化记忆的过程，从而在整个演说过程中始终保持绝佳的状态，也有利于听众对演讲内容有深刻的认识。

在开头与主体完结之后，就进入了演讲的结尾部分。这个时候，演说者不需要再向听众传递新的信息，因为他们已经准备离开了，也听不进去任何新的信息了。此时，不妨以一些趣味性、情感性的故事来结尾，让听众放松身心。如果结尾能够与开头呼应，那么效果自然会更好。

结尾看似简单，但是绝对不能马虎。因为好的结尾就像餐后的甜点，会让人们永远记住这一次演说，久久无法忘怀。

【顶级思维模式】

作为口头表述形式之一的演说，对其结构的安排应该严密而有逻辑性，必须有清晰的开头、主体与结尾，而且这三个层次还应该联系紧密。这样的结构可以帮助人们对演说的脉络有一个清晰的认识，也可以帮助听众对演说的内容有整体把握。这些都符合一般的心理认知规律。

第13章　财富思维

有钱人和你想的不一样

为什么有的人注定成功，有的人一辈子为钱辛苦奔忙？一切都与你的财富思维密切相关。从现在开始，回顾自己的成长背景和金钱观，分析各种与致富有关的内在思维，彻底修改自己的“金钱蓝图”，才能朝着更好的财务状况迈进。

金钱，绝不分高低贵贱

在经商活动中，聪明的生意人对合作对象一视同仁。在他们眼里，金钱没有高低贵贱之分，因成见而失去赚钱机会的人简直愚蠢至极。

犹太人在经商中总结了许多宝贵经验，比如贸易之中无成见；想赚钱，就要打破既有的成见，不能被传统习惯和观念所束缚。只要能赚钱，达成合作协议，从交易中得到钱，就可以放心做。他们绝对不会因为交易对象的宗教信仰、肤色、理念差异而放弃一桩能赚钱的生意。

在犹太人看来，如果因为双方的思想观念不同而抱有成见，主动放弃一次赚大钱的机会，那是最愚蠢的行为。此外，犹太人还坚持金钱没有国籍。他们从来不会为自己设置禁区，封闭赚钱的圈子。

有一位犹太人在公众场合演讲，拿起了20美元，然后举过头顶，“这是20美元，崭新的20美元。有谁想要？”结果所有人都举起了手。接着，他把纸币在手里揉了揉，然后继续问观众:“现在有人想要这20美元吗？”结果，人们仍然举起了手。

最后，犹太人又把这张纸币放在脚下，狠狠地踩了几下，于是纸币变得又脏又破。他拿起纸币，又问：“现在还有人想要吗？”结果，大家照例举起了手。

于是，他开始发表演说：“朋友们，钱在任何时候都是钱，不会因为你揉皱了或踩破了而在价值上产生任何变化。这就是人们对钱的态度。”

犹太人对金钱有自己的一套观念，他们认为“金钱无姓氏，更无履历表”。他们不会把钱分为三六九等，坚信只要是通过头脑和经营赚来的钱，都值得骄傲。因此，他们为了积累财富，千方百计地开动脑筋。

迪亚是一个移居英国的犹太人，每年都会用积蓄的一点小钱做小生意。后来，生意不断扩大，他需要的周转资金越来越多，不得不向钱庄或银行借钱。可是，向别人借钱的代价实在太高，甚至跟自己辛苦经营获得的利润差不多。他仔细分析后，觉得不如自己去做一些与放债相关的生意。

经过考察和学习，迪亚真的开始了放债业务。他一边维持小生意经营，一边抽出部分资本贷给那些急需用钱的人；又从银行贷来利率较低的钱，以较高的利率转贷给别人，从中赚取差额。有些商人需要应急，宁愿以高利息贷款，也不愿意因为银行一系列复杂的手续耽误了商机。迪亚盯上这个赚钱的机会，不久就迅速获得了巨额财富。

这就是犹太人“能赚钱即为真智慧”的财富哲学。在犹太人眼里，金钱只是一种货币，是一个人拥有的物质财富的多少，其本身不存在贵贱之分。因此，犹太人对待金钱就像对待上帝那样虔诚。

【顶级思维模式】

《羊皮卷》中有这样一句话：“金钱平等，因此人格平等，于是怀有赚大钱的欲望才好。金钱对任何人来说都是平等的，没有高低贵贱的差别。”犹太人喜欢把“钞票不问出处”这句话挂在嘴边，实际上也在启示我们，在创造和积累财富时必须巧捕商机、妙用手腕，抓住一切可以获得财富的机会，千万不能因为主观的偏见而错失了良机。

利用市场情绪把握财富机会

有的投资者习惯这样思考：“现在市场很淡，没有赚钱机会。没看到很多人赔得惨不忍睹吗？”而聪明的投资者却说：“别人慌乱我独醒，机遇来了绝不放手。”

在商业世界里，任何恐慌都蕴含着商机，而且恐慌愈重商机愈大，这是一条被无数实践证实、颠扑不破的真理。那么，如何利用市场情绪获取投资利润呢？

巴菲特对投资者的非理性情绪有深刻的认识：“引致低价位的最通常的原因是悲观情绪——这种情绪有时无所不在，有时只是针对某个公司或某个行业。我们希望在这样的氛围里投资，并不是我们喜欢悲观情绪，而是我们喜欢它们所产生的价格。”

在许多场合，巴菲特告诫投资者，投资成功的必要条件是必须具备良好的企业判断力，拥有控制自己情绪的超强能力，以保证不为“市场先生”掀起的狂风左右。市场会闹情绪，而且有时“脾气”很大，聪明的投资者不会随着市场的情绪起舞，而是利用市场的情绪获取收益。

众所周知，每只股票的价格都会因市场的情绪而波动。这个波动并不是跟着企业的现金获利潜能上下浮动，据此我们能够把自己选中的优秀企业的长远回报率当成一个“底线”——投资回报率的最低限度，然后利用市场的情绪取得更高的回报率。

比如巴菲特一直认为，历史上最优秀的品牌公司可口可乐在 1919 年上市时每股 40 美元，如果你在当时买入而持有到今天，经过多次配股和配息后，平均每年回报率是 20%。这是可口可乐长远的“平均”股价增值率而已。

如果你学巴菲特以“实值”看待企业，那么就会专门等到市场情绪低落时才大笔买入心目中优秀企业的股票。在可口可乐的投资中，巴菲特在 1988 年、1989 年和 1990 年都大量购入股份并一直持有到今日，平均每年赚取了超过 26% 的股价上升收益。

1956 年，巴菲特开始投资合伙人生意时，他的父亲认为当时道琼斯指数 200 点的水平偏高，因此劝告他在购买股票前耐心等待。后来，巴菲特回忆说，如果当时自己听了父亲的话，当年起家的 100 美元也许将是他今天的全部财富。相反，尽管当时市场条件非常一般，他仍然选择开始运作投资合伙基金。

巴菲特很早就明确了购买单只股票与跟随市场走势进行投机的区别。购买企业股票需要专门的会计与数学技能，而掌握市场波动则需要投资者控制自己的情绪。巴菲特在其投资生涯中，一直能够使自己置身于股票市场的情绪冲动之外。

显然，投资者的投资情绪比企业的基本情况对股票价格有更强大的冲击力。巴菲特很早就认识到，自己所持股票的长期价值取决于企业的经济运行，而非每天的市场行情。他说："从长期看，普通股价与企业的基本经济价值表现出极为显著的水涨船高关系。如果企业的经济价值一天天增加，企业股票的价格也会不断上升；如果企业蹒跚不前，股价也会对此做出反应。"

当然，巴菲特也承认，在短期内股价经常会高于或低于企业的内在价值，这主要是由于投资者的情绪而非企业的经营状况。

对投资者来说，如果想获得更高的收益，不仅不能受市场情绪的影响，而且还要利用市场情绪，把握住投资的机遇。巴菲特说："股市只是一个可以观察是否有人出钱去做某件蠢事的参照。当我们投资股票时，我们同时也投资于商业。"

在 1998 年 9 月 16 日的伯克希尔公司股东特别会议上，巴菲特进一步说："我们希望股票市场上傻子越多越好。"聪明的投资人不但不会预测市场走势，而且还善于利用这种市场的情绪化而得益。

【顶级思维模式】

价格变化的基本要素是人的情感。慌乱、恐惧、贪婪、不安全感、担心、压力和犹豫不定，这些是短期价格变动的主要根源。一个投资者必须具备良好的企业分析能力，同时能够免受市场中肆虐的极易传染的情绪干扰，才能在投资中获得成功。

越优秀的模式越简单

俄罗斯人，尤其是俄罗斯军人，最崇尚“简单就是美”，俄罗斯的军火制造简单，甚至可以说粗糙，但是他们的 AK–47 还是火遍了全球，甚至美军在越南战场上都丢下了精密的自动步枪，拾起了俄罗斯人简单而实用的武器。

这个道理在商业世界中同样适用。最简单的模式，就是最赚钱的模式。很多人都认为，赚钱的方法很多，每种方法和模式都有着复杂的运作方式，都经过了精密的推算和市场调研，很多人都小心翼翼，唯恐一步走错导致满盘皆输。

但是马云并不着认为，他说“复杂的事情简单做，简单的事情认真做，认真做的事情反复做，反复做的事情创新做。”这个道理听起来很简单，人人都懂，但是真正敢于实践的人却寥寥无几。

虽说什么方法都能赚钱，但是越复杂的模式、越复杂的方法注定效率低下，就算赚钱也只能赚小钱。只有简单的模式，在万法归一的条件下，才能赚大钱。

马云借助阿里巴巴的资源，再借助淘宝网的平台，完成了卖家和买家的整合，打通了传统 B2B 和 C2C 的隔阂。这种模式将商家和顾客全部吸引到淘宝网这个平台上，阿里巴巴通过商家的一层中转，将货物销售给消费者，这样虽然利润会少一些，但是这个模式会带来庞大的消费者资源，销售量自然会暴涨。

马云推出这个新模式之后，遭到了广泛的质疑，有人认为这是异想天开，甚至在公司里都有反对的声音。然而，时间证明证明这种新型模式是可行的，不仅为企业带来了相当可观的利润，更为淘宝网带来了大量的搜索量和信息源，仅靠这些搜索就获取了巨大的广告收益。

最优秀的模式往往是最简单的，但是自从人们讲究细节之后，繁文缛节就多起来了，似乎不复杂就显得不专业。结果，人们忙忙碌碌地寻找所谓最高级的商业模式，最有核心价值的东西却悄悄地从身边溜走了。

在得到马云推出免费产品的指示之后，阿里巴巴的工程师首先想到把产品做复杂，产品做得复杂了，客户才会觉得物有所值，这样一来将来收费的时候就可以简单一点。结果，阿里巴巴的产品越做越复杂，越来越让人难以捉摸。直到有一天，马云问他们，阿里巴巴最初的使命是什么？工程师们才醒悟过来。

阿里巴巴的使命是让天下没有难做的生意，既然如此，何必把那些产品做得那么复杂呢？从此，阿里巴巴的产品做得十分简洁，客户使用起来十分方便，也十分高效，得到了用户的极大认同。

正是因为阿里巴巴有了使命感的驱动，做出了足够简单的产品，才会使得关注阿里巴巴的人越来越多，最后才能发展成今天的电商帝国。企业也一样，也需要坚持简单管理，追求内部交流和沟通的务实高效，避免将简单的事情复杂化。

【顶级思维模式】

越优秀的模式越是简单，那些繁琐的流程只能影响工作的效率。显然，如果创业者能够将事情化繁为简，那么在用人、团队建设方面都会有很大进步，而且在产品方面也会有飞跃性的进展，为企业的良性循环和品牌建设奠定坚实的基础。

合同是商人与上帝的约定

信誉是做人的品格，是一切德性的基础。真正的成功者以诚实为做人之道，从而与他人建立信任。对一个企业来说，有了良好的信誉自然就会有财路。按合同办事是必须具备的商业道德，这是契约精神的集中体现。

犹太人从不违约，他们认为合同不是与客户的约定，而是与上帝的约定。所以犹太教有“契约的宗教”这一美誉。犹太人常说：“遵守契约，尊重契约，你获得的将不只是尊重。”

最初，犹太人没有国家和政府，以契约维系生存。由于犹太民族较早、较多地从事商业活动，因此很早就致力于商业活动的规范化。犹太人的契约意识被公认为现代商业法规的思想渊源，并对以契约为基础的商业活动提供了法律规范。

《羊皮卷》上说：“人之所以存在，是因为与上帝签订了存在的契约之故。”远在神话时代，犹太人已经成为重视契约的理性主义者。在犹太人的信仰中，如果信守约定，上帝会给予他们财富；反之，如果违反契约必遭上帝的严厉惩罚。

有一天，一个审判官经过一个市场时，发现这里有赃物出售。他觉得有必要教育一下市民或小偷，于是带了一只黄鼠狼，并当众给了它一块肉。黄鼠狼叼着肉，快速跑回自己的洞里。旁观的市民马上知道了黄鼠狼藏肉的地方。

接着，审判官来到洞前，把黄鼠狼捉出来，把洞口堵住。然后，他又拿出许多肉块给黄鼠狼。黄鼠狼叼起肉以后，又试图快速回到自己的洞里。但是，它发现洞口被堵死了，没有地方藏肉了，于是回到审判官跟前，把肉还给了主人。

看到这里，市民们若有所悟，不等审判官开口就重新把市场上的货物进行仔细分辨，结果发现许多货物是赃物。随后，他们全部拒绝购买，彻底遏制了赃物的买卖活动。

这只是犹太人重视律法，重视信条的一个缩影。犹太人从小就接受《羊皮卷》的教育，深切了解恪守契约的重要性。和犹太人订约，可以得到绝对的执行。犹太人不仅自己恪守契约，也要求对方严格遵守，因为经验告诉他们："给对方以仁慈让步，就是对自己的残忍"。

法治意识和契约精神是人类从愚昧走向文明的重要标志。它构成了现代商业经济和市场经济运作不可缺少的制约机制和精神动力。然而，它的形成与发展，以及在现代经济中的合理运用经过了200多年的历程。在这一过程中，离不开犹太民族做出的突出贡献。

在犹太人看来，神就是上帝，是神让无序的世界变得有序。这种通过上帝确定秩序、获得行为结果可预见性的传统，陪伴犹太人度过了漫长的历史。历史上，法治意识和契约精神成为犹太人深厚财富文化的土壤，也成就了"世界第一商人"的神话。

现代意义上的契约在商业贸易活动中叫合同，是交易各方在交易过程中为维护各自利益签订的责任书受法律保护。犹太人的经商史，可以说是一部有关契约的签订和履行的历史。犹太人成功的一个重要原因，就在于他们一旦签订了契约就坚决执行，即使有再大的困难与风险也要自己承担。

在全世界，犹太商人的重信守约有口皆碑。犹太人信守合约几乎可以达到令人吃惊的地步。做生意时，他们从来都是丝毫不让，分厘必赚，但在契约面前，纵使吃大亏也要绝对遵守。

第一，讲究诚信。

犹太人曾经说过这样一句话："做人一定要诚实守信。"诚信者信守诺言，一诺千金。诚信和经商永远是相辅相成的。

在现实生活当中，假如一个人不诚实、不守信，或许会得到一些"甜头"，占到一些"便宜"。可是长此以往，只会饱尝众叛亲离的苦果，陷入四处碰壁的窘境。认真观察一下身边的成功者，他们无一不是靠诚信积累了财富，在社会上树立了良好的个人形象。

第二，处事有原则。

任何时候都不要为自己的错误找借口，尤其是在商业活动中，任何情况下都必须以契约或合同为依据办事，这是维护对方利益的需求，也是保证自身信誉的准则。

【顶级思维模式】

合同是商业活动中不可缺少的环节，是保障交易双方利益的守护神。坚决按合同办事，遵守契约精神，是一个商人应有的意识。在投资过程中，不要把你的合同对象当成一个企业，而要把合同当做信仰去维护，这才是长久的生意之道。

讨价还价的边际效用

在推销的任何阶段，或对于商品的任何方面，顾客都可能提出异议。经验告诉我们，顾客没有提出任何一点异议就达成交易的情况极少。

当顾客对你的产品提出异议，或者与你讨价还价，你应该明白——顾客已经对产品有了兴趣。换句话说，顾客已经考虑买你的产品了。反之，如果客户对你的产品或服务没有丝毫异议，说明没有购买的欲望。

这一天，福洛姆来到一个汽车展示厅，向四处看了看。然后，他走到一辆汽车前，仔细地观看。这时，推销员慢慢走过来，说道："早上好，先生，看来您很喜欢这款新车，我可以给您具体介绍一下它的性能和特点。"

"这辆车看起来不错。多少钱？"福洛姆继续审视着眼前的车。

"这一款的价格是 14 万美元。"推销员回答。

"我认为这辆车子还是挺不错的，不过我需要回家和妻子商量一下，如果双方意见一致，我就会买下它。"

在回家的途中，福洛姆路过一家二手汽车店，不经意间看到一辆破旧的迷你小汽车，标价只要 300 美元。于是，他立即赶回家对妻子说："我看到了一辆二手车，标价 300 美元，而且看上去还不错，儿子一定喜欢。"

妻子听完丈夫的描述，也赞同买二手车。第二天早上，福洛姆带着 300 美元，走进了二手汽车店。店里的推销员看到福洛姆，急忙走上前打招呼，"早上好，先生。需要帮忙吗？"

"你好，我想问一下，那辆破旧的迷你车多少钱？"

"价格是 300 美元，已经标在了上面。"

"我的意思是，这辆车卖出去的最低价格是多少。"

"您如果真的喜欢这辆车，250 美元就可以成交。"

"可是轮胎磨坏了，车身前还有一道刮痕，这都是需要折价的。"

推销员见福洛姆开始讨价还价，知道对方有购买的意愿，于是在极力维护车体形象的同时，也开始揣摩对方的心理价位，最终双方以 200 美元的价格成交。

不难看出，在汽车展示厅里，福洛姆并没有对眼前的汽车提出任何异议，而在二手汽车店里却对一辆车不停地挑剔，说明他已经准备购买。

显然，他百般挑剔只是希望把价格压得更低。

因此，顾客决定购买的时候，谈判才真正开始。有的顾客已经决定购买，但是还想从你那里争取最后一点儿让步，这就是讨价还价的思维在作怪。在谈判过程中讨价还价，是为了获取最大的利益。

在商业活动中，谈判是一个相互妥协的过程。有些看似态度强硬的谈判对手，只要他是为了达成目标而来，就肯定会在一定程度上妥协，最终在讨价还价的拉锯战中让步。而你在某种程度上做出一点妥协，放弃一点利益，看上去是损失了利益，实际上只要不违背原则和底线，反而能从这种相互妥协的讨价还价中获益。

因此，如果想在投资或商业谈判中获取最大的利益，就必须掌握讨价还价的技巧。

第一，吹毛求疵法。

“吹毛求疵”是一种挑剔的习惯，即再好的东西也可以从中找出毛病来，然后以此作为谈判的筹码。如果把这种挑剔的习惯运用到谈判中，就能在讨价还价中获取较大利益。

这种技巧往往被买主用来压低卖主的报价，方法是故意找碴儿，提出一大堆存在的问题及要求。世界谈判专家曾经做过很多实验，结果表明：假如其中一方用这种“吹毛求疵”的方法向对方讨价还价，那么他提出的要求越多，得到的利益也越多；提出的要求越高，结果就越有利于自己。

谈判者在知道如何运用“吹毛求疵”的同时，还应该知道怎么应付对手的“吹毛求疵”。一般来说，在谈判之前做好心理准备，耐心加笑容是对付挑剔者最好的武器。对挑剔者采取针锋相对的策略，即把对方无中生有的问题毫不留情地打发回去，有助于在谈判中摆脱被动局面。

第二，小处入手法。

对于比较大型或者较复杂的交易，可以采用分批还价的方式。一般可以先对“差距小”的项目还价。这样做不仅易于激发对方谈判的热情，被对方接受，而且还能了解对手的谈判风格。尤其是当谈判出现僵持局面时，不妨考虑在“小处”先做某些让步，缓解紧张局面，然后再提出我方的要求，反而可以掌握谈判的主动权。

第三，制造竞争法。

针对一些价格构成比较复杂的商品或者大型工程造价谈判，讨价还价的一方为争取有利的成交条件，应当充分制造竞争的局面。比如，采用“货比三家”，可令多个卖方主动地做出价格解释，证明其报价与交易条件的合理性。

【顶级思维模式】

讨价还价是商业谈判和投资谈判中常见的竞争策略，它不但能为我方争取最大的利润，也可以增进双方了解，乃至密切合作关系。当投资者懂得了讨价还价的边际效用后，可以从讨价还价的应用细节入手，在商业谈判中最大程度上维护自身的利益，获取最大受益。

感情投资带来超出预期的回报

人不是草木，内心都有深厚的感情。当你对一个人表达了关怀、关爱，对方也会对你报以关切。为了在商业活动中达成预期目标，不妨对客户表达关心、爱护，做一些感情投资。

做生意需要对客户进行感情投资，这样生意才能做得更长久。平日里如果能够处理好与客户的关系，到了关键时刻才会有人帮忙。懂得感情投资的重要性，是经商成功的关键。

杰克是一家服装厂的经理，也是一个非常热心的人，喜欢呼朋引伴。

平日里，他喜欢和朋友们一起坐坐，吃吃饭、喝喝酒，有时候也会约几个好友一起去钓鱼、野游。当朋友有了困难，杰克总是第一个站出来帮忙。遇到重要节日，他也会打电话表示问候。在生意场上，朋友们都愿意和这个豪爽的朋友来往。

最近，杰克因为投资失误，公司出现了问题。如果不能及时拿到资金，他的服装厂就要面临资金链断裂的危险。朋友们听说了杰克的状况之后，纷纷伸出援助之手。

和杰克合作的客户也表示可以先从他们那里拿布料，等衣服销出去之后再付货款。而经销商们也纷纷把货款打过来，从他这里订购大批服装。就这样，在朋友和客户的帮助下，杰克顺利度过了难关。这就是感情投资的力量。

在《我是最会赚钱的人》一书中，日本麦当劳汉堡庄的创始人藤田田对所有的投资进行分类，并研究这些投资的回报率，最后发现在所有投资中，感情投资的投入最少，但是回报率最高。

感情投资之所以有如此高的回报率，是因为人人都渴望得到亲情、友情、爱情，情感的需求是人们最高层次的需要。社会心理学家马斯洛曾说过："爱是人类的本能，我们需要爱就像需要碘和维生素C一样。"感情投资正好满足了人的这一需求。

感情投资就是要融洽人际关系，在社交中累积信任、友谊，将来某个时刻得到回报。那些不善于进行感情投资的人，很难有良好的人际关系，事业也很难有大的成就。

其实感情投资并不太难，只要在对方遇到困难的时候伸手帮一把。即便是两个关系不太好的人，如果在对方有困难的时候拉对方一把，两个人的关系也有可能出现很大改善。

另外，日常生活中记得多和对方联系，即便不见面，电话联系也可以，平日里的问候也是连系两个人的纽带。而且经常联系能及时了解客户的需求，这样才能更有效地为客户服务。

【顶级思维模式】

感情投资是一个长期性的事业，这就需要一个人有足够的耐心和细心，能够经常对客户表达关怀，提供帮助。这样，在客户需要产品和服务的时候，必然会先想到你。

把客户的批评当“梯子”

在商业活动中，销售是一个双方交流、互动的过程。在这期间，客户对销售人员难免会有一些不满和要求。那么，当客户提出不满和意见时，我们又该如何处理呢？不止是一些初级销售人员，就连一些入行很久的老职员，面对客户的批评时也会出现逆反心理。偏激、主观的判断和处理方式对谈判的进展不仅毫无积极作用，甚至还会带来不小的负面影响。

面对客户的批评，最重要的是学会理性思考。一方面要有“宰相肚里能撑船”的气量，另一面也要保持乐观向上的心态，认真想想为什么会受到批评，客户的话是否具有可取之处。从一定程度来说，客户的批评是销售人员进步的“梯子”。只有抱着这种心态，在谈判过程中才能立于不败之地。而销售人员从以下方面努力，逐步锻炼自己，一定会有飞速的进步。

第一，不要将批评看得太重。

一些销售人员在面对一点小小的批评时，就紧张无措地将其视为重大错误，甚至会将其与自己的前途和命运搭上关系，从而灰心丧气，一蹶不振。这就是将批评看得过重的表现，这种神经质的行为只能使自己偏离轨道，离成功越来越远。

第二，面对批评别毫不在乎。

一些销售人员有着桀骜不驯的性格 ，面对客户的批评，他们会表现得毫不在乎，依旧我行我素地做事情。这种态度只会激怒对方，给客户一种你并不在乎他的错觉，从而造成谈判失败。所以面对批评不要毫不在乎，以真诚、不卑不亢的态度去应对岂不更好。

第三，被批评不要当面顶撞。

即使很多客户的批评都是无理和不公正的，但是身为销售人员与对方当面顶撞也是不恰当的。冷静地等待对方平息怒气，再向其解释自己的想法，并证明自己的正确性，才是正确的做法。

第四，遭到批评不要满腹牢骚。

一件事情以不同的视角看待，就会得出不一样的看法。面对客户的批评，应冷静、淡然地对待。批评得有理就学习，批评得错误就释然。有则改之，无则加勉的态度才是可取的。

第五，分析客户批评的缘由。

面对客户的批评，不能看得太重，也不能满不在乎。销售人员最终的目的是拿下此单生意，提升自己的业绩和能力，那么收集客户的批评并分析清楚缘由就十分关键和重要了。因为只有弄明白客户提出批评的原因，才能知道沟通中哪里出了问题，从而做出相应的改变，以期拿下订单。

【顶级思维模式】

客户的批评，对销售工作来说也有着一定的益处，它会促使销售人员作出相应的改变，提升自己。面对批评，树立健康而积极的心态，以谦虚好学之心待之，定能不负努力，收获成功的果实。

不把鸡蛋放在同一个篮子里

在商业世界里，降低风险的最好方法，就是把鸡蛋放在不同的篮子里。即使一个篮子掉在地上，其他篮子里的鸡蛋仍然是完好无损的。

多年来，微软几乎没有进行跨行业的多元化经营，它的主业一直在IT领域。但是，手中持有大量现金的比尔·盖茨就不同了，他侧重于分散投资，这是规避投资风险的一种做法。

纽约投资顾问公司汉尼斯集团总裁查尔斯·J·格拉丹特，曾经这样评价盖茨的投资战略："盖茨看到了把投资分散、延伸到旧经济的必要性，而他的好友巴菲特却没有看到把投资分散到新经济的必要性。"

第一，长期持有公司股票，适时套现。

微软是盖茨的宝贝，他对公司前途充满信心，所以长期持有公司股票是盖茨不变的策略。研究盖茨的财富分布情况，可以发现，他仍然把财富的绝大部分投在公司股票上。身为微软的首席架构师，盖茨仍然主导着公司的发展方向和战略规划，他有必要通过持有股票让人们看到微软的光明前景。

不过，在适当的时候，盖茨会在好的价位套现一些股票，这又是他的精明之处。股市交易记录显示，盖茨曾多次公开出售几百万股的微软股票，获得收入高达上亿美元。这样一来，他既持有了公司股票，又在一定程度上实现了切实的物质财富，从而利用这些资金从事自己的其他事业。

第二，成立投资公司，获得稳健的投资回报。

早在1995年，盖茨就在美国创立了一家名为"小瀑布"投资公司，由华尔街经纪人迈克尔·拉森主持。这家公司设在华盛顿州柯克兰，负责单独为盖茨的投资理财服务，主要就是分散和管理盖茨在旧经济中的投资。

目前，这家公司的运作十分保密，除了法律规定需要公开的项目，其活动的具体情况绝不向公众透露。不过根据已知情况可以分析出来，该公司管理的投资组合价值100亿美元，其中很大一部分投入了收入稳定的债券市场，主要是国库券。

在盖茨对旧经济部门的投资中，对比较稳健的重工业公司的投资已取得非常显著的成绩。而对公用事业公司的投资，则实现了很强的抗跌性。此外，小瀑布公司也向医药业和生物技术业投资，包括向正在研制治疗男性性功能障碍的新药物的埃科斯药物公司、研制新止痛药品的公司以及西雅图基因公司。这些高科技公司往往更具成长性，所以带来的回报非常可观。

第三，做自己熟悉的行业，降低投资风险。

盖茨不放过任何一个商机，但同时也在刻意回避着任何细微的投资风险。我们应该看到，在盖茨大手笔的投资背后，是他在投资过程中的谨慎、小心和保守。忽视这一点，就无法全面、正确理解盖茨的投资策略和价值。

事实上，不管其投资额度多大，微软始终还是围绕着产品的核心产业链来做文章，他们没有轻易地涉足自己不熟悉的领域。这是盖茨值得人们学习的地方。

在商业投资中，你应该有一个均衡的投资组合。实力再雄厚的投资者，都不应当把全部资本押在目前市场前景广阔的项目上，只有分散投资才能减少投资失败的损失。

比尔·盖茨说："不把鸡蛋放在同一个篮子里，分散投资是必须坚持的一个基本原则，任何时候安全都是最重要的。"他是这么说的，也是这样做的。

【顶级思维模式】

做生意最重要的是控制风险，最有效的策略是分散投资。充分地分散投资风险后，虽然不太可能会遇上最坏的情况，但是也不容易遇上最好的情况，而最有可能发生的情形就是不好也不坏，投资回报率非常接近平均数值。所以，不把鸡蛋放在同一个篮子里后，还要实现投资组合赢利，才算成功。

第14章　创新思维

让工作更具创意的简单方法

像驴子一样埋着头拉磨，即使再勤劳也不过是一头勤劳的驴子。努力很重要，但是努力的方向更重要。用创新思维解决问题，会让工作和生活更精彩。

错在把简单的事情复杂化

生活中有许多烦心事，令人应接不暇。许多人因此陷入紧张、焦虑的状态，身心疲惫。不过，有些烦恼是自找的，而问题的根源是你想得太多，结果把简单的事情复杂化。

看待周围的人和事，不要抱着复杂的心态，而应学会简单思考，获得正确的认识。简单是一种智慧的境界和心态，避免把简单的事情复杂化才能寻求突破，找到解决问题的良策。而面对困难和挑战，简单化思考可以让你充满勇气，让内心变得更强大。

为了应对日益增多的客流，圣地亚哥的艾尔·柯齐酒店准备增加几部电梯。工程师、建筑师坐到一起商量对策，决定在每层楼的地面上打一个洞，并在地下室安装马达。

但是，这种方案会导致酒店内尘土飞扬，引起客人不满，从而影响到酒店的声誉和服务质量。酒店负责人与工程专家在楼道里商讨对策，争得面红耳赤，一时间情绪激昂。

正在旁边扫地的清洁工听到争论，走过来说：“在每个楼层钻洞的确不是好办法，不但现场会变得一团糟，而且尘土清扫起来很麻烦。”

工程师转过身，对清洁工说：“那怎么办，难道关闭酒店再施工吗？”听到这里，酒店负责人急忙说：“坚决不行，如果这么做会让顾客误认为酒店倒闭了，生意肯定会一落千丈。”

看到大家急切的样子，清洁工说：“我有一个好方法，既能按时把电梯装好，还能省去不少麻烦。”工程师和酒店负责人不约而同地投来期待的目光，清洁工接着说：“把电梯装在酒店外面。”

听到这里，工程师与酒店负责人面面相觑，不禁为这个绝妙的点子叫好。这就是近代建筑史上的室外电梯，它开启了一次施工革命。

这个世界原本是简单的，但是习惯把问题复杂化会让我们失去正确思考的能力，并因无法从中解脱而变得情绪失控。一味地把事情复杂化，不惜钻牛角尖，最后一定没有退路。

一个人不能用简单的方式思考问题，会让心灵背上沉重的负荷，他的内心就像一辆负重过度的汽车，需要耗费更多的能量才能前进。

为此，请尝试着作出改变，学会简单思考问题，不再为身边的小事抓狂。如果让你区分水和酒，不必费尽周折去猜测，只要上前闻一闻就知道答案了。一个人想轻松应对这个世界，首先要有一颗简单的心灵，学会简单思考。

第一，学会正常沟通，准确掌握事情的来龙去脉。许多人把简单的事情复杂化，一个重要原因是不善于沟通，结果无法掌握真实有效的信息，最后因错误的决策导致无法收拾局面。

第二，学会勇敢面对，大胆接受眼前的挑战。无法面对既成的事实，选择逃避和放弃，必然无法进行正常思考，从而离正确的轨道越来越远。

第三，学会理性接受，不做情绪化的奴隶。遇到麻烦事，有些人无法接受，会变得情绪失控。失去了理性思考能力，自然会把简单的事情复杂化，导致无法收场。

【顶级思维模式】

别想太多，真的没什么用。生活中有各种麻烦和磨难，每个人都要学会理性面对，过一种简单的日子。相信自己有能力应对挑战，相信有更好的事情等着你，就不会杞人忧天了。

利用逆向思维考虑并解决问题

很多人在面对问题的时候，一般都会按照自己的惯性思维去思考去解决问题，从没想过尝试新方法。如果你正在为了眼前的事耿耿于怀，找不到解决的办法，不妨利用逆向思维考虑问题，往往心情会大变。

生活的最大成就是对自己的不断改造，在持续努力中悟出成功的真谛。这个世界丰富多彩，充满了无限可能，不必为了暂时的失意而懊恼。在有限的生命力，为何要固守一隅呢？那份苦闷、等待注定无法与新鲜、丰富的探索同日而语。更重要的是，当你告别墨守成规的心理，会发现一个全新的世界，一个真实的自我。

一家三口从农村搬到城市，准备找一处房子租住。大多数房东看到他们带着孩子，拒绝租借。最后，他们来到一个二层小楼的门前，丈夫小心敲开了大门，对房子的主人说："请问，我们一家三口能租住您的房子呢？"

房主看了看他们，说："很抱歉，我不想把房子租给带孩子的租户。要知道，孩子非常闹心，我需要安静。"再一次被拒绝，夫妻两个显得非常失望，拉着小孩的手转身离开。

孩子把这一切都看在眼里，走了没多远，他转身跑回来，用力敲了敲大门。房子的主人打开门，疑惑地打量着眼前的小家伙。小孩突然对房东说："老爷爷，我可以租您的房子吗？我没有带孩子，只带了两个大人。"房东听完孩子的话，哈哈大笑，最终同意把房子租给这一家三口。

其实，事情没有想象中的那么难，只是把自己逼入了绝境，陷入了思维的定式而已。如果你懂得转换思维，自然容易走出困局，重拾好心情。

在这个世界上，一个能够进行反向思考的人，才是真正伟大的人物。学会逆向思考是如此重要，然而在我们身边，很少有人把它当做一种修养。人们喜欢遵从你习惯的量去做事，不懂得彻底否定眼前的一切，这样会限制创新思维，让视野变得狭小。

倘若能转换一下角度，以逆向思维来应对，那么你就掌握了一条通往成功的诀窍。经常听到各种各样的抱怨，因为无法摆脱眼前的窘境而懊恼，甚至激化矛盾。大多数人总是产生这样的疑问：为什么我这么笨？其实，只要改变一下方向，就容易发现另一个世界，正确不理解眼前的一切。

在各自领域有所成就的人，不是那些一成不变，或者因循守旧的人，而是那些敢于创新，敢于打破常规，敢于质疑，敢于做出改变的人。逆向思维是解决问题的有效办法之一，当你陷入固定思维模式的窠臼而自怨自艾时，不妨用逆向思维去解决问题，最终摆脱不良情绪的困扰。

【顶级思维模式】

变换思路让人豁然开朗，心态也会舒畅积极。面对问题的时候，从相反的方向去理解、思考和判断，容易快速找到正确答案，从失意和烦恼中解脱出来。

你对了，这个世界就对了

生活应该是什么样子的？为什么你总是不快乐？其实，心情的颜色就是生活应有的色彩。如果心情是灰色的，生活不会阳光明媚。一个人只有让内心充满开满鲜花，他的世界才会是幸福的。

如果你还在抱怨不快乐、不幸运，自己不被人理解，那么首先要调节一下心情。当你变得积极乐观了，你看到的世界一定不再是灰暗的。正所谓心境决定心情，主动调节心理才会有良好的情绪体验。

在一个阴雨的星期六早晨，牧师准备讲道，妻子外出买东西了。小雨淅淅沥沥地一直下个不停，小儿子约翰吵闹不休，令人厌烦。

牧师无法静心做事，无奈之下随手拾起一本旧杂志，一页一页地翻阅，最后翻到一幅色彩鲜艳的大图——世界地图。随后，他从杂志上撕下这一页，再撕成碎片，丢在地上说：

“小约翰，如果你能拼好这些碎片，我就给你 2 美元。”

牧师以为这件事会使小约翰花费一个上午的时间，并因此安定下来。没想到，还不到 10 分钟，小约翰就走过来，上交父亲布置的任务。

看着完整的拼图，牧师牧师疑惑地问：“孩子，你有什么方法，这么快就把图拼好了？”

“这很容易啊！”小约翰自信地说：“你看，在地图的背面有一个人的照片。我按照人像把碎片拼到一起，然后再翻过来，地图也就拼好了。我想，如果这个人是正确的，那么这个世界就是正确的。”

牧师笑了，高兴地给了 2 美元，还不停地赞叹：“你也替我准备好了明天的讲道。如果一个人是正确的，他的世界也会是正确的。”

人生不如意之事十有八九，所谓“心想事成”不过是对生活的美好祝愿。遇到一些不顺心的麻烦事，应该怎样解决呢？有的人会把每一件不如意的小事堆积在心里、挂在嘴上，而后不停地抱怨，搞得自己心情很差、情绪很糟。精神状态不佳，不但自己烦躁不堪，身边的人也不得安宁，一系列连锁反应让我们的世界变得杂乱无章。

其实，所有的麻烦都可归结为心理问题。你认为它是麻烦，它就是难以解决的麻烦；你认为它不值一提，它就无法影响你的生活。有智慧的人遇到任何事情时都能气定神闲，找到应对之策，首先在于他们有一颗强大的心灵。

试着换一种思维，换一个角度，用另一种方法思考一件事情，结果会大不同。如果你想改变这个世界，首先要改变自己。如果你的心理是正确的，你的世界也会是正确的。当我们用积极的态度看世界看生活的时候，有些问题会迎刃而解。

在我们身边，许多人抱怨工作压力大、生活不如意，尽管他们的遭遇千差万别，年龄也各不相同，但是可以断定，他们的烦恼都源于心理问题。当内心失去了平衡，变得脆弱不堪时，外界的任何风吹草动都可能把人压垮。

【顶级思维模式】

什么是心境，其实就是对待生活、对待人生的一种态度。乐观的心境成就快乐的人生，悲观的心境造成阴郁的人生。保持良好的心境，就能让自己多一些开心，少一点忧愁。

先有创新的环境，再有创新的人和产品

观念是实践的先导，有全新的观念，才会有全新的实践、全新的发展，因此观念也出生产力。企业要有创新实践必须首先创新观念。管理者要善于用观念创新带来理念与意识的超前。

微软是知识经济时代的楷模。它以创新思维为生存条件，以“人”为最宝贵的财富。在这样的企业里，领导层对于公司的发展固然重要，但是员工的功绩也是不容抹煞的。如果无法调动员工的积极性、创造性，

那么知识管理就无从谈起。

因此，在日常管理工作中，如何让员工保持高度活跃的思维，充满激发每个人的创造力，是盖茨最重要的目标。到过微软公司的人，都会被那里宽松的办公环境与企业文化感染，而这正是微软最宝贵的创新环境。

一位曾供职于IBM的微软华裔全球副总裁，在谈起两家企业的不同时说："IBM员工穿衬衫和西装裤"，微软员工则"可以穿休闲服"，而且，在他刚到公司的时候，"还看到光着脚的年轻人在里面走来走去"。

穿休闲服、光脚丫，是不是效率低下、缺乏进取精神呢？答案是否定的。在微软，大家有相当的自由度，但是每个人在做事时并不会懈怠，而是说不拘小节的宽松环境更能激发人们的聪明才智，最大程度上释放每个人在软件研发、市场营销上的才华。

也就是说，宽松的环境，带来了创新的动力。营造这种轻松的工作环境，是比尔·盖茨自信研究、深思熟虑的结果。他根据自己的观察，对企业发展提出了著名的三段论。

第一个阶段，企业有一个神人、超人，所有的规章制度都由他说了算。这样的企业处于权威领导的阶段。

第二个阶段，企业把决策者的思想变成了规章制度，要求每个人严格执行。问题是，规章制度的管理要设计并实施，监督的成本很大，也容易引起员工的反感，效率也不高。

第三个阶段，企业强调的是对文化的管理。也就是说，要在企业内部创造一种体现经营思想、发展理念的心里文化，让每个人在认同的基础上自觉行动，带来高效率。

针对微软公司知识创新的特点，盖茨主张微软必须建立创新的环境，发展创新的企业文化。

第一，让员工快乐工作，释放潜能。

微软鼓励员工创新，继而对工作产生责任；充分授权，让员工把工作当成自己的事业去经营；主宰工作而非让工作主宰；非官僚的管理方式，让员工与管理阶层能够彼此合作、互相支持；一个以绝佳品质及最高客服水准为依归的企业，等等。

第二，为每个人提供展示才华的舞台。

微软在软件业拥有霸主地位。这一光环，吸引着无数有志之士和优秀分子加入其中。有才华的人以投身微软为荣，大家在这里都能充分施展个人抱负，这样的企业形象塑造，无形中让微软具备了兼容并包、能者居上的氛围。

【顶级思维模式】

今天不创新，明天就落后，明天不创新，后天就淘汰。要创新你就要敢于走在同行业的前面。只有走在别人的前面，才能赢得先机，抢占市场的巅峰，同时为自己的发展赢得更新换代的时间。创新要从内部抓起，要从培养创新环境开始。

哪里有抱怨，哪里就有机会

在纯粹竞争的行业里，抓住客户才是商业的根本。如果一个创业者并不打算依附于体制赚钱，那么他就应该把最大的精力投放到对客户需求的了解上，从而引导客户购买本企业的产品或服务。

阿里巴巴的成功表面上看是商业模式、经营战略的胜利，但在本质上得益于马云真正把客户放到了第一位，把为客户创造价值放到了第一位。

在阿里巴巴，客户的利益高于一切。客户的利益从哪里来？当然要看客户的需求是什么，而客户的需求又从哪里来？这就考验阿里人的智慧了。很多时候，客户不会表明自己的真实想法，经营者必须为此下一番工夫。

杭州有一家很有名气的饭店，有时需要提前几天才能约到座位。这一天，马云带着一个客户到这家饭店用餐，点好菜便等着用餐。过了一会儿，餐厅经理走过来，对马云说："先生，您可以重新点菜吗？"

马云非常疑惑，问道："为什么？我们点的菜卖完了？"经理笑着回答："不是，是您点的菜不合适。您点了四个汤一个菜，回去以后一定会说我们饭店的菜不好，实际上是您点的菜有问题。我们这里有很多好菜，您可以点四个菜一个汤。"

这家饭店的确在为客户着想，而且及时纠正客户的失误。客户满意了，为饭店赢得了声誉，会为饭店带来很多潜在的客户。

许多时候，发现客户需求离不开创意性思维，从不同的视角看问题。那么，如何了解并引导客户需求呢？马云从阿里巴巴的管理实践中为创业者提出了以下建议：

第一，用提问的方法了解客户需求。

要了解客户的需求，最直接、最简单而最有效的方式是向对方提出问题，通过对方回答的问题知道自己想要的答案。比如，你可以直接向对方提问："请问您需要哪方面的服务呢？"也可以有选择地提问："您觉得 A 和 B 哪个方案更适合您呢？"还可采用征求式提问："您是否满意我们的产品？您觉得有哪些地方需要改进呢？"

第二，通过倾听客户谈话了解客户需求。

马云的演讲能力很强，但是他更善于倾听。他喜欢倾听一切声音，只要对阿里巴巴有利的都愿意听，尤其是来自客户的声音。马云认为，与客户进行沟通时必须集中精力，认真倾听客户的回答，站在客户的角度理解谈话内容，摸清客户在想什么、需要什么。只有尽可能多地了解对方的情况，才能为其提供满意的服务。

第三，通过观察了解客户需求。

与客户沟通的时候，我们要眼观六路、耳听八方，通过观察对方的非语言行为（比如眼神或肢体语言），了解其欲望、观点和想法，进而掌握他们的需求。有时候，客户会对你的产品和服务不满，表露出抱怨的眼神和情绪，这时候要从中发现有价值的情报，为商业决策提供科学依据。

在阿里巴巴，马云经常化身为客户，充当“抱怨者”的角色，对他认为不满意的地方喋喋不休地批评。马云认为，在产品流入社会之前，就应尽可能地杜绝客户产生抱怨。顾客的抱怨虽然对企业来说不友善，却非常有价值。如果诚心诚意地处理顾客的抱怨，往往会不经意地发现新的需求。这就是抱怨的商业价值。

【顶级思维模式】

先了解市场和客户的需求，然后再找相关的技术解决方案，这样成功的可能性才会更大。对经营者来说，为客户服务是真谛，要多为客户着想。客户满意了，企业才会成功。

第15章　幽默思维

没有无聊的人生，只有无趣的活法

一个人最糟糕的处境不是贫穷，不是疾病，更不是失恋，而是逐渐被生活磨成一个无趣的人，自己却浑然不觉，依旧过着乏善可陈的日子，聊着经年不变的话题。多一点儿幽默思维，才能不被生活磨灭初心，始终做一个有趣的人，让自己快乐地活着。

幽默给你压倒一切的胜利

法国大文豪巴尔扎克说："幽默能给你完全而压倒一切的胜利。"口才绝佳的一个重要标志是幽默风趣，无论在日常生活中，还是在重大社交场合，幽默的谈吐总能瞬间令人屏气凝神、驻足倾听。

它可以让剑拔弩张的氛围变得轻松愉快，可以让逆耳的忠言变得动听受用，更让紧张的谈话者得到放松，感受到人性的美好。显然，借用幽默的表达方式，人与人之间的交流可以变得和谐而美好，许多难办的事情也容易轻松搞定。

"幽默"是一个美学名词，通过影射、讽喻、双关等修辞手法，在善意的微笑中揭露生活的乖讹和不通情理之处。不难发现，幽默首先传达了善意、和睦的信号，并承担了谈笑间力挽狂澜、诙谐中化解尴尬的使命，因此让当事人给外界留下了有魅力、有品位、有智慧的深刻印象。

在中文里，"幽默"一词最早由林语堂将英文的 humour 翻译而来。从字面上看，幽默的表达形式是含蓄、默契的，离不开特定民族深厚的文化积淀，包括历史典故、社会习俗、时代背景等。无论幽默的制造者，还是幽默的接受者，如果生性浅薄、浮躁或思维迟钝、心胸狭隘，那么多半与幽默无缘。幽默，注定与才华出众、心灵阳光的人相生相伴，集中表现为幽默的谈吐。

第二次世界大战期间，英国首相丘吉尔来到美国首都华盛顿，会见当时的总统罗斯福。会谈中，他提出两国合力抗击德国法西斯，并要求美国给予英国一定的物质援助。这一提议得到了美国的积极回应，于是丘吉尔受到了热情接待，被安排住进了白宫府邸。

一天清晨，丘吉尔躺在浴缸中惬意地休息，手中还点着一根特大号的雪茄烟。忽然，一阵急促的敲门声响起，随后罗斯福破门而入。被惊吓到的丘吉尔立刻站起来，结果来不及找到衣服蔽体，就被美国总统撞见了。两国首脑在这种情景下相见，场面非常尴尬。

这时，丘吉尔充分发挥了自己的幽默口才。他把烟头一扔，说道："总统先生，我这个英国首相对你可是坦诚相待，一点儿隐瞒都没有啊！"说完，两个人哈哈大笑。

有了这个小插曲，双方的会谈也变得更加愉快，各项协议签署得异常顺利。或许，正是丘吉尔的幽默发挥了积极作用吧。那句"一点儿隐瞒都没有"，不仅仅是为了调侃打趣，缓解尴尬的局面，更准确表达了坦诚相助、彼此信任的情谊。

丘吉尔不愧是叱咤风云的政治家，谈笑间将一场风波化为乌有，还以此为契机拉近了彼此的距离，增进了友谊，其幽默谈吐令人叹为观止。

事实上，幽默是建立在知识储存和生活经验之上的语言艺术，在带来欢笑的同时达到某种沟通目的。在特定的环境中，它不仅活跃氛围、愉悦他人，更能让人们在轻松过后接收到某种信息、领悟到某种道理。在关键时刻凭借幽默谈吐排遣尴尬、化解危机、扭转局面的人，最能展示自己口才出众、富有人格魅力的一面。

"幽默是一种优美的、健康的品质。"在各种场合，借助幽默的谈吐来加强交际的生动性和亲切感，已经成为一项重要能力和一个人的优点。在未来的日子里，如果你想赢得更多朋友并影响他人，不妨从训练幽默的谈吐入手，打开沟通的大门。

【顶级思维模式】

如何做到谈吐幽默呢？首先，要心态积极、情趣高雅，并勤于全面思考问题。其次，遇事反应迅速，思维敏捷，才能在紧要关头从容不迫地展示幽默的一面。最后，具有较高的文化素养和驾驭语言的能力，表达方式灵活多样，更能让口才生动、有趣。

理智的幽默比冲动的争论更有力

一旦陷入争论或激辩，当事人就变得冲动易怒，而后做出一些过火举动。“冲动是魔鬼”，谁也不想因为头脑发热坏了大事，因此在紧要关头务必多一些理智。有经验的辩论高手懂得用幽默化解争论，显得从容不迫。

周末正在家里休息，忽然被邻居聒噪的音响吵醒。想一想，你是怎么应对的呢？许多人直接敲开邻居的门，厉声训斥对方，一番争论之后双方形同陌路，从此老死不相往来。这种做法显然算不上高明，下面一起看看科恩是怎么做的吧！

科恩的邻居是一位音乐爱好者，每天下班回家，都要播放各种乐曲，并调到最大音量，直到午夜才肯罢休。这严重影响了科恩的生活。

这一天，科恩敲开了邻居的门，微笑着说：“请您把录音机借给我一个晚上好吗？”

邻居听了非常开心，说道：“太棒了，你喜欢哪种乐曲？”

科恩微笑着摇摇头：“不，我只想安安静静地睡一晚。”

邻居听完立刻明白了科恩的用意，然后表示今后一定多加注意。

面对吵闹的邻居，科恩既不吵闹，也没选择忍受，而是理智、风趣地向对方表明立场。一句简单幽默的话，瞬间让邻居明白了事情的原委，甚至为此内疚，这可比你冲动地到对方家里大吵大闹更有效。

遇到棘手的问题，或者不方便直接说出内心的想法，请试一试理智性幽默表达技巧吧。它帮你表明立场，让对方知难而退，不知比冲动的争论高明多少倍。

有一次，麦克伦将军没能准确掌握好作战时机，因此遭到美国总统林肯批评。不过，林肯并没有与将军争论，而是借用幽默表达了自己的不满。他给麦克伦将军写了一封信，说道："亲爱的麦克伦，如果你不想用陆军，我想暂时借用一会儿。"

总统向陆军上将借用陆军，这虽然是一句玩笑话，却透露出总统对麦克伦用兵作战的不满。一位声名显赫的将军，如果被总统当面批评指挥失当，显然难以下台。林肯总统聪明地给予提醒，显得理性而自然，这比严厉地指责更有冲击力。

理智的幽默体现了一种为人处世哲学。与人争辩的时候，一句无心的话可能给对方造成严重伤害，事后让人万分懊悔。遇事多一分理性思考与克制，学会淡定应对，借用幽默表达妥善处理误解、矛盾，那么沟通中就少了"硝烟炮火"，多了欢声笑语。

将幽默融入到日常生活中去，融入到工作中去，替代无休止的争论，是高情商者的选择和努力。请牢记，一个人活着不是为了与谁争个高低，而是追求一种健康积极的生活方式。

【顶级思维模式】

讲话声音大，不代表你说的有道理。冲动地争论和抗议，是幼稚无能的表现，而理智的幽默充分展示了当事人的洒脱、淡定，这种"不争为争"的策略才是赢家的最佳选择。

幽默感让领导者更有魅力

美国著名心理学家吉尔福特研究发现，具有较高创造力的人往往具有以下特点：独立性高、好奇心重、求知欲强、知识面广，以及丰富的幽默感。对领导者来说，幽默感是亲和力的直接表现，也是与下属沟通的金钥匙。

在一个团队里，领导人既要保持威严，也要令人亲近，才能处理好各层关系，把事情办得妥妥当当。人与人之间沟通感情、交流思想，最直接的方式就是语言。假如你掌握了幽默对话技巧，就可以使朋友间的友谊更深厚，令陌生人瞬间对你产生好感，让有分歧的人增进理解，甚至互相仇恨的双方也能化干戈为玉帛。

罗斯福任美国总统以前，曾经在海军部供职。有一天，一位朋友向他询问海军在大西洋某个小岛筹建基地的秘密计划。只见罗斯福故意向四周望了望，然后压低声音：“你能保守秘密吗？”这位朋友以为马上要听到劲爆内幕消息，坚定地回答：“当然能。”最后，罗斯福笑着说：“我也能。”

还有一次，客人到白宫拜访罗斯福。这时，罗斯福的小女儿艾丽丝不断进出办公室，甚至打断双方的谈话。对方开始抱怨起来：“总统先生，难道您连自己的女儿都管不住吗？”只见罗斯福无奈地说：“我只能在两件事中做好其中的一件。要么当好美国总统，要么管好女儿。显然，我已经选择了前者，那么对后者自然就无能为力了。”

那些杰出的政治家，除了凭借优秀的口才能力阐明观点、发表政见、批驳政敌、争取盟友，还有一个鲜明的共同点——幽默风趣，这让他们魅力四射、充满活力。

在美国政坛，每个政客都要接受幽默的训练，从而在演讲与辩论中俘获人心，充分展示个人魅力。人们甚至有这样一种共识：在美国政界，一个缺乏幽默感的人没有资格从政。因为，幽默可以帮政治人物赢得更多支持的力量。

幽默大师林语堂先生认为："幽默"对一个民族来说，是生活中非常必要的条件。在公共场所中，威廉二世总是板着脸，好像永远在生气一样，令人感到害怕。因为缺乏幽默对话能力，德国的威廉皇帝丧失了一个帝国。相反，富兰克林、林肯等充满幽默感的领导者，普遍受人爱戴，得到人民的拥护。

有一次，林肯正在台上演讲，有人递过来一张纸条，上面只写了两个字："笨蛋。"他略加思索，举起纸条对台下的听众说："我收到过许多匿名信，都是只有正文，没有署名。而刚才那位先生给我的匿名信正好相反，他只署上了自己的名字，而忘了写内容。"

幽默是智慧、才能、学识和教养的象征，是自我表现、取悦于民的极好手法。经验表明，幽默的领导者比古板严肃的领导者更容易与民众打成一片，因此为了提升团队的凝聚力和向心力，领导人有必要通过幽默对话增强亲和力，使下属在幽默的话语中得到启示，使持有反对意见的人在谈笑中妥协，营造其乐融融的沟通氛围。

从领导力的角度来说，幽默是一种值得推崇的心理特质，而具备幽默感的领导往往更有魅力。无论是政界的国家首脑，还是商界的公司总裁，乃至一个团队的带头人，如果能够适时展露一下自己的幽默口才，必然会更有人格魅力，并赢得更多拥戴。

【顶级思维模式】

领导人如何培养幽默感呢？一个有效的方式是丰富自身的经验，借助各种场合幽默风趣地与他人对话。当然，幽默沟通必须言之有物，不能光耍嘴皮子，否则会显得浅薄、无趣，令人讨厌。记住，幽默的言谈必须给他人带来温暖，每句话都能让人信服。

人生需要幽默这种乐观情怀

很多人不知道生活该是什么样子，其实心情的颜色就是生活的底色。如果总是不开心、焦躁烦闷，那么你的生活就是灰色的；如果积极乐观、豁达开朗，那么你的世界就是五彩斑斓的。

面对生活中的烦恼，只需幽默一笑，多一份乐观情怀，就能转换心境，告别焦虑和迷茫。快乐是一种心情，其滋味如人饮水，各有不同。人生在世，每个人都有自己的苦乐、悲喜。能让别人快乐的东西不一定带给你快乐，但是只要保持乐观心态，就能永远看到希望。

有一次，美国总统罗斯福家中失窃，被偷了许多东西。一位朋友闻讯后，急忙写信进行安慰，劝他不必太在意。

随后，罗斯福写了一封回信："亲爱的朋友，谢谢你的安慰和关怀，我现在很平安。在此，感谢上帝：第一，贼偷了我的东西，而没有伤害我的身体；第二，贼只偷了一部分东西，而不是全部；第三，最值得庆幸的是，做贼的是他，而不是我。"

对任何一个人来说，失窃绝对是一件不幸的事，而罗斯福却找出了三条感恩的理由，展示了乐观的情怀。

人生在世，最重要的是有一份好心情。内心晴朗，你就会感觉每天的阳光都是灿烂的，不再去埋怨一切不公，可以和朋友分享快乐，也愿意为他人分担忧愁。获得人生快乐和幸福的方法之一就是学会用幽默面对一切，保持乐观的心境。

今天，人们比以往任何时候更加关注幸福、快乐等积极主观体验，因为这不仅是人生的意义所在，也会反过来影响自身行为。幽默可以带给人快乐，是获得积极情绪和心理幸福的有效方法。因此，培养幽默感有利于建立快乐的心理机制。生活赋予我们许多财富，有磨难，也有幸福和快乐。有的人过得不开心，大多是缺乏快乐的心境，不懂生活的幽默。

爱因斯坦未出名之前，经常穿着破旧的大衣在街上走来走去。有一天，他遇到一位朋友，对方笑着说："你每天穿成这样？不担心被别人笑话吗？"

"在这里也没有人认识我，我担心什么呢？"爱因斯坦轻松地回答。

成名后，爱因斯坦依旧没有丢掉原来那件破旧的大衣，并且每天穿着在大街上走来走去。再次遇到那位友人，对方疑惑不解："如今你已经这么出名了，还穿着这件破大衣，是不是有些不太符合你的身份？"

"现在大家都认识我了，我穿成什么样子仍旧是爱因斯坦，不会变成另外一个人。所以，一件破旧大衣穿在身上又有什么妨碍呢？"爱因斯坦笑着回答。

身为世界上最有名气的科学家，爱因斯坦并不讲究穿衣打扮。面对友人的嘲笑，他依旧以乐观的心态应对，这种淡泊名利的气度离不开幽默的心境。对爱因斯坦来说，穿什么并不重要，重要的是以乐观幽默的情怀面对生活，无惧他人的唠叨和指责。

人生中的许多事不必放在心上，命运的捉弄也不必计较，你只需按照自己的逻辑去生活，过好当下每一天。在轻松乐观的情怀面前，任何愁苦和坎坷都不再是烦恼，而是成为生活的背景和陪衬，映托出你伟岸的身影。

【顶级思维模式】

今天，幽默感已成为一种美德。幽默的人有趣，凭借引人发笑的言谈可以冰释一切烦恼和愁闷。生活中，幽默是一种修养，一种文化，更是一种情怀。凡事多一点幽默心，终将成就快乐无比的自己。

面对挑衅用幽默还击

人际交往应该坚持平等、友善的原则，做到和睦相处。然而，受到利益、情绪等多种因素影响，各种矛盾难以避免。面对他人的蓄意挑衅，无论一味地委曲求全，还是正面对抗，都不是上策。用幽默的方式进行还击，既能表明立场、维护自身利益，又能给对方留有回旋余地，容易化干戈为玉帛。

美国一位政客在竞选总统期间四处游说。有一次，演说刚进行到一半，反对党的党员就提出了抗议，还鼓动周围的人群向讲台抛掷西红柿和蔬菜，企图将他赶下台。

面对反对派的恶意挑衅，他没有选择退缩，反而镇定自若地站在台上，一边拿掉头发上的菜叶，一边对台下的观众说："或许我还不了解你们当前的困境，但是如果支持我当选总统，我一定会为你们解决农产品过剩的问题。"

正面对抗或选择回避，都会令问题越积越深，让双方的关系陷入僵局。用幽默语言巧妙化解对方的挑衅，能有效改善紧张的局面。幽默代表了乐观、积极、和解的心态，面对他人的挑衅，风趣的谈吐有助于消除误解、弥合分歧，在良性沟通的基础上增进理解和信任。

在一次报告会上，发言人正在进行热情洋溢的演讲，台下的观众也听得津津有味。正当一切有序进行的时候，一个喝得醉醺醺的听众在下面捣乱。他学着公鸡打鸣，结果引得台下一阵骚动。

这位发言人却镇定自若地看了看手表，说道："现在是晚上9点啊，为什么听到公鸡打鸣？难道天亮了吗？我不敢相信这种低级动物的本能竟然会出错。"醉汉自讨没趣，灰头土脸地被人劝走了。

幽默能让人收敛攻击的锋芒，表达友好的态度，消除对方的敌意。与无原则的忍让相比，幽默在轻松中不放弃立场；与以牙还牙的对抗相比，幽默显得不那么生硬，所以它是应对挑衅的有力武器。

诗人拜伦在河边散步，亲眼目睹一个不慎落水的富翁被一个乞丐冒着生命危险救上来。但是，吝啬的富翁只给乞丐一个便士作为答谢，这让周围的人感到愤怒。天这么冷，河水这么凉，竟然只给一个便士作为酬谢，实在太不合情理了。

大家纷纷叫嚷着把富翁抛到河里，但是拜伦却阻止了大家，然后幽默地说："把他放下吧，他的生命也就值一个便士。"

表面上，拜伦用幽默的话扭转了人们的愤怒；实际上，他在讽刺这个为富不仁的富翁。他把一便士的报酬与富翁的生命价值划等号，辛辣地讽刺了对方吝啬的特性，展示了高超的幽默口才技巧。

【顶级思维模式】

用幽默的方式进行反击，比当面直接责骂更有效。幽默语言比较含蓄，语气也不那么强烈，能把真实的意图隐藏起来，所以能够被各方接受。即便对方听出了其中的深意，也会哑口无言，甚至自觉惭愧。

随遇而安，化遗憾为幽默

有时候，人生就像一场没有计划的旅行，你永远不知道下一步会走到哪个路口。遇到磨难、困苦，乃至命运的“捉弄”，那种无力感让人绝望。愤怒无济于事，懂得随遇而安，相信一切都是最好的安排，心情就会快乐一些。如果能够化遗憾为幽默，那么心中的苦痛就会少一些，幸福多一些。

夏天，寺庙的草地有一片光秃秃的。小和尚对老和尚说：“快撒点儿草籽吧，太难看了！”老和尚并不着急，随口说道：“等天凉了再说，急不得。随时。”

中秋到了，老和尚买了一大包草籽，让小和尚播种。忽然，一阵秋风刮过来，草籽被吹得四处乱飞。小和尚喊起来：“师傅，草籽被风刮跑了。”老和尚非常淡定，轻松说道：“别急，被吹走的草籽大多是空的，落到土里也不会发芽。随性。”

草籽终于撒完了，几只小鸟飞过来觅食。小和尚跑进书房，又对师傅一阵催促。老和尚放下手中的书，耐心解释：“没关系，草籽那么多，小鸟吃不完。随遇。”

到了晚上，一场大雨倾盆而至。小和尚从睡梦中醒来，慌忙跑进禅房：“糟糕，草籽被雨水冲走了。”老和尚正在打坐，闭着眼睛说：“瞎操心，草籽冲到哪儿就会在哪儿发芽。随缘。”

过了半个多月，那块光秃秃的地上长出青苗，一些没有播撒草籽的地方也泛出绿意，小和尚高兴得跳起来。老和尚站在禅房前，只是微微点头：“随喜。”

人生际遇反复无常，不幸常常发生在瞬间，让人措手不及。面对不尽如人意的剧情，还需秉承“不以物喜，不以己悲”的精神，淡定去接受眼前的一切。许多时候，用幽默的眼光看待身边的人和事，心中就会有喜悦。更重要的是，世事轮回变幻无穷，今天还是阴雨绵绵，明天就可能阳光普照，何必让不开心打扰内心的安宁呢！

如果你仔细观察就会发现，每个屋檐下都有被命运无情摧残的人，他们被生活无情地捉弄，内心苦闷，有的人在自怨自艾中沉沦，但是也有人打起精神，选择用幽默的方式将内心的遗憾渐渐抹掉，重新找回快乐的自己。

一对清贫的老夫妇养了一头牛。这一天，老头牵着牛到集市上，准备换点更有用的东西。他先用牛换回一头驴，又用驴换了一只羊，再用羊换来一只肥鹅，又把鹅换成母鸡，最后用母鸡换来一袋烂苹果。

在回家的路上，老头扛着苹果来到一家小酒店休息，遇上了两个商人。闲聊中，老头描述了自己赶集的经过，两个商人听完哈哈大笑。“你回家肯定挨老婆骂。”其中一个商人说。但是，老头说绝对不会。随后，两个商人拿出一袋金币跟老头打赌，如果猜得不对，就白送给他。

三个人来到老头的家中。老太婆见老头回来了，非常高兴，兴奋地听着用牛换东西的经过。每次听到老头用一种东西换回另一种东西，她都充满了期待，还不时地说：“哦，驴子可以驮东西”、“羊奶很好喝”、“鹅毛多漂亮啊”、“终于可以吃上鸡蛋了”。

最后，看到老头带回家的一袋烂苹果，老太婆仍旧满心欢喜：“今晚可以吃苹果馅饼了！”两个商人顿时傻眼了，没想到老太婆这么积极乐观，即使换东西吃亏了也不恼火。按照打赌约定，这对老夫妇赢了一袋金币。

生活中的难事、难题太多了，如果遇到一点儿麻烦就表露在脸上，那么你注定愁云满面。不要为失去的东西、眼前的挫折感到遗憾或懊恼，甚至埋怨生活。因为任何抱怨都是徒劳的，有些东西注定无法马上改变。用幽默的心感知并理解这个世界，痛苦会少一些，快乐会多一些。

在任何地方，那些幸福快乐的人都有一颗豁达、幽默的心。他们遇事不钻牛角尖，懂得随遇而安，将遗憾化作幽默，找到了与这个世界安然相处的方法。

【顶级思维模式】

请牢记，人生只是一场旅行，无所谓幸与不幸。即便身处困苦之中，也要让自己乐观。遇事做到顺其自然，就能想得开、看得透，把遗憾转化为喜乐。这既是个人成长的智慧，也是与人相处的哲学。

第16章　生活思维

幸福的人生需要断舍离

人生的种种苦恼，总是混杂在我们对情感、利益、关系和物品的执着中。幸福的人生离不开独立思考的能力，想清楚现在的自己最需要什么，最适合过怎样的生活，然后通过实践断舍离——清空杂念、斩断非分之想、扔掉多余的物品，就容易享受自由舒适的生活。

学会接受生活中的不完美

这个世界从来都充满遗憾，许多时候，一切完美的事物大多是人们主观思想的臆测。对此，德国著名诗人歌德曾经说过，“十全十美是上天的尺度，而要达到十全十美的这种愿望，则是人类的尺度。”

从一定程度来说，追求完美是有上进心的表现，属于一种优秀的品质，但过犹不及，如果因此而患上完美主义强迫症就不明智了。一般说来，完美主义者的个性都十分好强，长此以往很可能会造成精神上的巨大压力，从而引发各种心理障碍。他们渴望自己的生活是完美无缺的，所以无法接受生活的小瑕疵，哪怕是一丝小小的不如意。

完美主义者最常见的表现为：烦躁、极端，死板，他们在不知不觉中被坏情绪绑架，整天都因鸡毛蒜皮的小事而烦恼，哪怕是衣服的纽扣丢了一颗也会令他们感到烦躁不安，很久前犯的小错也无法忘记，总觉着这是不可原谅的过失……实际上，这些忧虑毫无意义。

其实，磕磕绊绊、起起伏伏才是生活，只有学会接受自身的缺点，淡然看待生活中的各种不完美，才会摆脱坏情绪，从而拥有一个积极的生活态度。

“如果已经活过来的那段人生，只是个草稿，有一次誊写，该有多好”，无数人想象过这种场景，也奢望能有一次重新来过的机会。

有一个年轻人名叫伊凡，请求上帝让自己体验一下这种人生。看到伊凡执著的样子，上帝决定让他在寻找伴侣这件事上试一试。

到了结婚的年龄，伊凡遇到了一位漂亮的姑娘，对方也倾心于他。随后，伊凡高兴地与这个姑娘结成了夫妻。然而，婚后的日子并不是想象的那般美好。伊凡发觉姑娘虽然很漂亮，但是不会说话，办事也笨手笨脚，两个人始终无法进行心灵上的沟通。于是，他第一次把这段婚姻作为草稿抹掉了。

第二个结婚对象不仅漂亮，还聪明能干，满足了伊凡对完美婚姻的想象。可是没多久，他发现这个女人脾气很坏，个性极强。原有的聪明成了讽刺伊凡的本钱，能干成了捉弄伊凡的手段。两个人在一起，伊凡不是丈夫，倒像她的牛马、器具。最后，伊凡无法忍受这种折磨，祈求上帝准备第三段婚姻，上帝微笑着答应了。

第三个妻子不但具备了前两任妻子的优点，还有好脾气。婚后，两人非常恩爱，日子过得很幸福。半年后，妻子突然患上重病，卧床不起，原有的美貌很快不见了，一副憔悴的表情。

维纳斯虽然断臂了，但是却成了举世闻名的艺术作品。也有艺术家尝试着复原她的双臂，结果从来没有成功过。真正完美的事物是根本不存在的，过于苛求就是和现实过不去，给自己找麻烦。

每个人都会有完美的幻想，所不同的是，一部分人认识到完美是根本不存在的现实，而另一部分人则成为完美幻想的奴隶，并被其绑架而整天烦闷不堪。实际上，我们会成为怎样的人，完全取决于自己的内心，如果一直在不完美的现实中追求完美，那无异于缘木求鱼，自寻烦恼。

如果人生处处完美，那么生活又有什么乐趣可言？不完美正是生活的精彩之处，因为不尽如人意所以才会孜孜以求，力图做到更好；因为不完美，所以才有了完整与残缺的对比，从而更加珍惜生活中的美好。世界上没有绝对的好与坏，过度的苛求只能带来消极的不良情绪，正确面对残缺才是最为明智的生活态度。

【顶级思维模式】

学会换一个角度，换一种心情来欣赏不完美，生活会更加有趣。不要因为自己的缺点而自卑或去羡慕别人，其实别人也有不为人知的缺点与遗憾。

让错误和懊悔“到此为止”

莎士比亚曾经说过：“聪明的人永远不会坐在那里为他们的损失而悲伤，却会很高兴地去找出办法来弥补他们的旧创伤。”

人的一生中充满着不幸和烦恼，你无法逃避，也不能左右它们，唯一可以选择的是勇敢，让错误和烦恼“到此为止”。及时让不良情绪终止，不再左右你的心情，这种强大的情绪掌控能力是获得幸福快乐的密码。

当杰勒米·泰勒丧失了一切的时候——房屋遭人侵占，家人没有栖身之地，庄园被没收，他这样写道：

“我落到了财产征收员的手中，他们毫不客气地剥夺了一切，让我一无所有。现在，还剩下什么呢？让我仔细想想……他们留给了我可爱的太阳和月亮，温良贤淑的妻子仍在我的身边，还有许多排忧解难的患难朋友，除此之外，我还有愉快的心、欢快的笑脸。显然，没有人能剥夺我对上帝的敬仰，无法剥夺我对美好天堂的向往，以及我对罪恶之举的仁慈和宽厚。我照常吃饭、喝酒，照样睡觉和休息，照常读书和思考……”

面对意外和灾难性的打击，泰勒仍然保持开心、快乐，绝不陷入情绪低落的状态，令人钦佩不已。在常人无法忍受的灾难中仍坚持快乐，这种坚韧、乐观的品性是每个人都应该追求的，这样的人生永远不会阴云密布。

正是因为能够正视困难，把生命中的一点磨难看作是对自己的锻炼，所以即使脚下布满荆棘，杰勒米·泰勒照样勇往直前。

生活中会遇到很多烦心事，很少有人真正感受到一帆风顺，多数情况会遇到种种不如意。不同的地方在于，有的人让烦恼戛然而止，寻求摆脱困境的方法；有的人沉浸在错误中，因为陷入痛苦情绪无法自拔。

世界上存在这样一类人，他们似乎总能得到上天的眷顾——有着坚定的信念或理想，并且为之付出不懈的努力；最重要的是，上天每一次都会帮他取得成功，这令人羡慕至极。其实，这类人之所以比其他人更幸运，在很大程度上要归功于其强大的内心。

一个人搭车回家，行至途中，车子抛锚。当时，正值盛夏午后，闷热难当。得知四五个小时后才可以起程，大家都开始抱怨，这个人却找了一个凉爽、平坦的地方美美地睡了一觉。车子修好了，他趁着黄昏的晚风，踏上了归程。后来，他逢人便说："真是一次愉快的旅行！"

内心强大的人，无论遭遇外界怎样的嘲讽，遇到多大的困难，都不会被轻易打倒。换句话说，他们在心理层面达到了一定的境界，因此总能在挫折、危机面前挺过来，令人折服。内心强大的人意志坚定，不论遇到多大的诱惑或挫折都能淡定处之，依然固守着内心那份信念。

心理素质强的人，无论遭遇怎样的嘲讽，遇到多大的困难，都不会被轻易打倒。在他们身上，流露出的是坚定的意志、强悍的行动力。不论遭遇多大的诱惑或挫折，都能够做到心如止水；甚至遭受牢狱之灾，面对死亡的威胁，也能够始终保持一颗淡定之心，这样的人终究是不可战胜的。

【顶级思维模式】

聪明的人知道如何面对困难和烦恼，愚蠢的人往往会过重地看待烦恼和困难。让烦恼与困难“适可而止”，才能走出消极、悲观的世界，重获心灵自由。

只有酸柠檬，那就做一杯柠檬汁

如何才能获得快乐？美国芝加哥大学校长罗勃·梅南·罗吉斯说：“我一直以来都遵循一个忠告，那就是已经故去的西尔斯公司董事长裘利亚斯·罗山沃的话，‘假如你只有一个酸柠檬，那就做一杯柠檬水。’”

这就是伟大人物的行事方式，而一般人的做法则正好相反。如果他发现生命赐予自己一颗酸柠檬，会哭天抢地悲叹道：“天呐，我完了，这就是我的命运，我根本没有任何办法做出改变。”逐渐使自己陷入到一种无可奈何的悲痛和自怜的情绪之中，最终无法自拔。但是聪明人拿到这颗酸柠檬，会想到比较积极的一面，“我能从这件不幸的事件中学到什么呢？我如何做才能扭转格局呢？怎么做才能使这颗柠檬变成一杯酸甜可口的柠檬水呢？”

伟大的心理学家阿佛瑞德·安德尔从自己的毕生研究中得出了这样一个结论：“人类最为奇妙的力量之一，就是拥有能够变负为正的能力。”

艾尔·史密斯小时候家境十分贫苦，父亲去世的时候，还是靠着父亲朋友们的资助才顺利举行了葬礼。随后，母亲为了养活孩子们在一家制作雨伞的工厂做工，每天都要工作10个小时以上，有时候还要带工回家，劳作到夜晚12点。

由于生活过于贫穷，艾尔·史密斯不得不早早辍学，帮助母亲承担起家庭的重担。一个偶然的机会，他参加了当地教堂举办的一场业余演出活动。这场演出令他异常激动，也激发出了他的演讲才能。史密斯喜欢这种在公众面前类似表演的活动，于是便下定决心开始了自己的业余学习。正是这种才能，引导着他一步步进入政坛。

30岁的时候，艾尔·史密斯被公选为纽约州的议员，当时他对这一切没有丝毫准备，甚至对那些他要进行表决的复杂法案摸不到头脑，理解起来非常困难。当他被公选为森林问题委员会的委员时也十分迷惑，因为他不曾踏入过森林一步。被选为州议会金融委员会的委员时，他更是焦急担忧，因为还不曾在银行开过户头。面对着一个个难题，他真想从议会辞职，但是他不愿向母亲坦承失败。绝望之余，只能拼尽全力苦读并研究自己不懂的知识。

经过多年坚持不懈的学习，史密斯终于将一颗无知的柠檬酿成了一杯有内涵的柠檬水，而他自己也从当地的一个小政治人物逐渐成为享誉各地的知名政治家。凭借对政治课程连续10年的精进学习，他最终成为了一个颇有权威的人士。他三度当选为纽约州长，一度成为总统竞选的热门人物，被以哈佛、哥伦比亚为代表的大学授予名誉学位，而他本人却连小学都没有毕业。

从艾尔·史密斯的身上可以看出，假如没有当年每天连续工作16个小时的努力和汗水，他不可能化负为正，获得今天的成就。

著名哲学家尼采对超人的定义是，“不仅能在必要情况下忍受一切，而且还能够喜爱这种情况。”简单来说，也就是拥有将不利因素化为有利因素的强大意志。

假如柴可夫斯基没有那么痛苦，他的命运没有那么悲惨，可能永远也创作不出不朽的《悲怆交响曲》。假如陀思妥耶夫斯基和托尔泰的生活没有痛苦和磨难，那么《罪与罚》《悲惨世界》等举世名作可能不会诞生。

显然，如果我们在困难面前只是一味地颓丧和不满，那么根本不可能将手中的柠檬做成一杯可口的柠檬水。人生逆流成河，无论如何都要尝试着应对。以下两点提醒我们，为什么要奋勇而起?

第一，我们是可能成功的。只要存在一丝可能，就应该大胆尝试，甚至把不可能变为可能。

第二，即便努力了没有成功，但是你拥有的化负为正的勇气仍会推动着你继续向前看，希望就在前方。

生而为人，一定要学会运用积极乐观的思维面对坎坷，将自己的创造力和活力释放出来，让自己为幸福的事忙碌到没有精力和时间为已经发生的事而忧虑。

【顶级思维模式】

威廉·波里索说:“人生中最重要的事情不是将你的所得拿来做资本，傻子也知道这样做。真正重要的是学会从你的损失中获利。这需要有足够的智力和才能方可做到，而这也正是聪明人与傻子最关键的区别。”这句话应该刻到铜板上，挂在每一所学校，让年轻人能够尽早醒悟到其真理。

果断地丢掉情感垃圾

每个人都渴望拥有幸福的人生,渴望享受天伦之乐,并追求健康长寿。为此，注重饮食，提升生活品质，关心天气变化等等，就成了许多人日常生活的主题。除了这些因素之外，还有一点不容忽视，那就是排除情感垃圾，保持心理健康。

就像一座房子需要不定时地打扫，才能时时刻刻保证房子的整洁和干净，定期清理内心的情感垃圾和负面情绪，才能活得舒心自在，做事才能有干劲儿。内心承载着太多负荷与压力，整个人会陷入亚健康状态，自然效率低下。

有的人曾经经历过很多伤心的事情，有忘不掉的人，有后悔的事情，有错过的时光，有失败的工作。回首过往的经历，总免不了唏嘘感叹。如果这些不良情绪被保存在心里，久久挥之不去，会严重损耗个人精力。

一个年轻人陷入了焦虑状态，他说："我之所以忧虑是因为我太瘦了，觉得在掉头发，觉得现在过的生活不够好，我很担心给别人的印象不好，总害怕无法做一个好父亲……"

他曾经历过精神崩溃，原因就是他很难接受生活中的不如意。他无法让内心静下来，希望赚很多钱，给未来的妻子和孩子带来美满幸福的生活，希望给所有人都留下好印象。但现实总是很残忍的，他害怕失去女友，害怕工作不够努力，无法赚到足够多的金钱……

结果，他的精神压力越来越大，身体状况越来越差。后来，他患上了胃溃疡，内心的忧虑也随之加重，甚至因担心自己会死掉而辞去工作。这个年轻人情感垃圾太多了，而无法将它们放下，因此每天生活得很痛苦。他甚至认为，连仁慈的上帝也抛弃了自己。

最后，他决定去佛罗里达旅行。可是，站在一个完全陌生的地方，仍然没能摆脱坏情绪的困扰，甚至比在家乡的时候还要烦躁不安。

这时候，他收到了父亲的信："我相信，无论身体还是精神，你都没问题。之所以会这样，是因为你把生活想象得太理想化了，内心的情感垃圾太多了。"

在教堂里，神父对年轻人说："能征服精神的人，强过能攻城占地。"这时，他才认识到坏情绪的根源。第二天，他果断离开佛罗里达回到家乡，重新做回了自己以前的工作。不久，便与深爱的女友组建了家庭。

消极、负面的情绪是人生路上的绊脚石，应该果断地清理掉，你才会轻装上阵，走得更快更远更轻松。对失恋的人来说，既然已经无法牵着爱人的手，那就果断放开，虽然会很痛，但是抓在手里会更难受。

生活中，许多人抱怨压力大，忧愁多，其实这些烦恼表明：你在精神生活中背负着许多不必要的“重物”，因此对生活和工作倍觉辛劳、无趣。人生在世，生活与工作是绝不轻松的，因为它们本身就意味着一种承担和责任。这时候，如果再额外加上不必要的精神负担，日子就很难过了。

选择放下就在一念之间，但是这一念之间决定的事情，会影响自己当下的状况，甚至影响未来一生。放下那些没用的东西，会减轻负担，让内心多一些快乐，少一些忧虑。当一个人净化了内心，整个人生也会明亮起来。

【顶级思维模式】

在波平如镜的河面上怎会映不出明月？在万里无云的天空怎能没有阳光普照？显然，让自己的心情像风平浪静的水面，让自己的思想像碧空万里的蓝天，而不被负面体验干扰，生命里才能多一丝亮色和喜悦。

赶走心里那只愤怒的小鸟

发现事情与自己的期望不相符，人就会产生愤怒，用来表达内心的不满。表面看来，愤怒令人畏惧，实际上却暴露了当事人无助的一面。

人在愤怒时会失去理智，伤害周围的朋友和家人，所以它是一种非常恶劣的负面情绪。通常，人们在愤怒的支配下不再顾忌他人的感受和想法，会做出一些过激的行为。由此，家庭不再和睦，朋友不再亲近，发怒的人也会身体健康受损。

既然愤怒的危害如此巨大，为什么不去尝试着控制和引导它呢？

小时候，艾伦性格乖戾，经常无缘无故地发脾气。有时候，他会把所有能看到的东西摔得粉碎，才能平息心头的怒火。对此，父亲没有强硬地训诫，而是送给他一大包钉子——每次生气时在后院的栅栏上钉一颗钉子。

艾伦照做了，直到连续钉下 12 颗钉子之后，他才慢慢学会控制愤怒情绪。随后，栅栏上新出现的钉子越来越少。艾伦发现，控制自己的情绪比在高高的栅栏上钉钉子容易多了。直到有一天，栅栏上再也没有出现新的钉子。

父亲带着艾伦来到栅栏边，把钉子一颗一颗地取下来："孩子，你不再乱发脾气了，这样很好。你看，栅栏上的钉子留下了很多小孔，它们会一直存在下去，就像你发脾气时说的气话，像钉子一样扎进别人的心里。虽然后来你道歉，但是这些伤痕仍然无法抹平，长久都不能愈合。

很多人可以从艾伦的身上找到自己的影子。显然，口头的伤害并不比肉体的伤害低，恶语相向等于在别人心口插了一刀，一时的愤怒会给他人带来无法抹去的伤害，也给彼此的关系造成不可弥补的遗憾。

当你怒火升起来，快要无法自控的时候，一定尝试着转换心境，别因为情绪失控吃大亏。不照顾他人的感受，自然也无法得到他人的关照。对每个人来说，学会控制愤怒情绪永远是一门必修课。

第一，尽量把发怒的时间向后推迟。如果你发现自己经常在一些特定的场合下发怒，那么下次遇到相似场合的时候先提醒自己多忍一会儿。如果这次忍耐了十秒钟，那么下一次想要发怒的时候忍耐二十秒，久而久之你就能控制愤怒情绪，甚至不会因为外界干扰而大动肝火。

第二，把发怒的缘由记下来。在笔记本上记录每次发怒的原因、时间、地点，并且认真地记录每一次发怒的细节。坚持一段时间之后，就会发现如果经常发怒，记录这些事情就变得非常麻烦，从而主动减少发怒的次数。

如果你想提高情商、管理好情绪，那就不要让怒火上身。损害他人的物质利益，或许还可以弥补；因为发怒伤害别人的自尊和感情，那无异于自绝后路。关键时刻赶走心里那只愤怒的小鸟，你就是识大体、顾大局、成大事的人。

【顶级思维模式】

发怒之前想一想会有什么后果，懂得掌控自己的心情，是智者所为。理智的约束愤怒并不是压迫愤怒，而是一种有效的情绪引导，目的是让自己重回积极的心理状态。

不要永远背着仇恨袋

仇恨来自多个方面，也许是遭到了对方侮辱、打击，也许是亲人或朋友遭受了诋毁。因为受到外界攻击而愤怒，进而产生仇恨情绪，是正常的情绪反应。但是时过境迁之后，别永远背着仇恨袋，那是一种负荷。

哲学上讲究辩证法，凡事都可以转换。别人说了什么，做了什么，如果有积极的意义，那么可以关注一下；如果给了你一个仇恨的袋子，让你无法呼吸，还是趁早扔掉为好。把有限的精力投入到有意义的人生中去，才是正确的选择。

在西方社会，流传着这样一个寓言故事。富翁有三个儿子，日子一天天过去，孩子长大了。他决定将财产全部留给其中一个儿子，究竟给谁呢？最后，富翁想了一个办法，让三个儿子分别去游历世界一年，看谁能做成最高尚的事，那么就可以继承自己的财产。

三个儿子照着父亲的话去做了，并在一年之后回到家里。这一天，富翁把三个儿子召集到一起，让他们讲讲这一年都经历了什么。

大儿子得意地说："我到一个贫困落后的小村庄旅行时，碰到一个乞丐掉进河里。于是，我奋不顾身地跳进河里，将其救起，还给了他一笔钱。"

二儿子不甘示弱地说："我在游历的时候遇到一个陌生人，他十分信任地将钱财交给我保管，结果意外身亡。但是，我没有独吞那份钱财，而是全部还给了他的家人。"

富翁听了点点头，又问三儿子遇到了什么事。

三儿子说："我没有遇到哥哥们的事情，我一出门就碰到了一个坏人。他想抢我的钱，一路跟着我。经过悬崖时，我看到他正在崖边的树下睡觉。当时，我只要一脚把他踹下去，就可以免除麻烦。但是，我放弃了，转身离开。后来，又担心他会跌落悬崖，于是回去把他叫醒了。这算不算高尚的事情呢？"

富翁听完说："见义勇为，拾金不昧，都是道德赋予每个人应该做的事情。而有机会报仇却放弃，还能够帮助仇人，这才称得上是高尚的行为。"

于是，三儿子继承了富翁的财产。不过，随后他仍旧把财产平分给了两个哥哥，令富翁啧啧称赞。

别让生活中的误解和矛盾打扰你，更不必为此耿耿于怀，甚至对他人怀恨在心。人生就是不断地赶路，何必背着那么多仇恨的袋子呢？宽容伤害你的人，甩掉内心的嗔怪情绪，做到微笑前行，你会成为最快乐的人。

不让仇恨的情绪缠绕你，最好的办法就是将其转化为一种包容心理。战胜敌人不是最大的胜利，感动对方、化敌为友才是大智慧。法国大文豪雨果说过，“世界上最宽阔的是海洋，比海洋更宽阔的是天空，比天空更宽阔的是人的心灵。”一个能够放下仇恨袋子，包容他人，不管在任何地方都会交好运，拥有美满的人生。

【顶级思维模式】

在生活中，放下仇恨，学会包容，是一种至高无上的美德。它洗涤人的心灵，帮你跨越一切河流、山川，找到新生。

放不下是产生烦恼的根源

人们对得不到的东西过分追求和渴望，并为此苦苦坚持，自然会心生烦恼，变得焦虑不堪。从根本上说，烦恼和焦虑是自我施压的结果。

放弃那些不切实际的想法，过好当下的日子，学会面对现实，就能减少大部分焦虑。有的人为了某个目标奋斗一生、拼搏一生，但是当他得到自己想要的一切，却发现不过如此，而生命已经因为早年的奋斗消耗一空，失去了太多其他美好的东西。

在平常的日子里，一个人须懂得自问，明白自己真正需要的是什么，哪些是可以放弃的。能够舍弃某些不必要的东西，减轻心头的贪念，就能消除内心的焦灼感，让身心变轻松。

有一个小男孩把手插进一个上窄下宽的花瓶中，结果拔不出来了。看着孩子痛苦的表情，妈妈用尽了各种方法，试图把卡住的手拿出来，但是没有成功。稍微一用力，孩子就会疼得哇哇大哭。

看来只有把花瓶打碎，才能帮助孩子脱困。这个花瓶是一件收藏很久、价值连城的古董，如果打碎了确实可惜。不过为了救孩子，妈妈顾不上这些了。

花瓶打碎了，孩子的手平安无事了。妈妈让孩子把手伸出来，看看有没有受伤。奇怪的是，男孩始终紧握着拳头，好像无法张开。难道是被困得太久了，手抽筋了？妈妈再次变得惊慌失措。

男孩的手终于张开了，里面是一枚硬币。原来，男孩为了拿花瓶中的硬币，才卡住了手；而他始终无法从花瓶中拔出手来，是因为拿着硬币不肯放手。

故事虽然很简单，却耐人寻味。在我们身边，许多人像这个孩子一样，放不下到手的职位、待遇，整天四处奔走，最后荒废了事业。有的人放不金钱的诱惑，费尽心思一夜暴富，却常常作茧自缚。内心的焦灼、惶恐、烦恼，都与“放不下”有莫大关系。

人生有很多美好的事情，也有很多美丽的风景，不要为了虚名放弃这些实实在在的东西。否则，焦虑、忧愁总会伴随左右，让人生徒增烦恼。人生就像一艘远行的船，总是在不停地装货、卸货，船上不能有太多的负重，否则船就会在途中沉没。那些不属于自己的东西，该放下时就放下，不要被其拖累。

对每个人来说，学会放下是一种了不起的能力，也是获得幸福人生必须具备的智慧。在关键时刻能够拿得起、放得下，善于忘记那些不愉快的事情，你就离幸福不远了。

【顶级思维模式】

放下那些没用的东西，你才能专注于自己真正热爱的人和事，远离焦虑的状态。在学会放下之后，烦恼和焦虑自然会消失，取而代之的是难得的轻松与惬意。

千回百转中请学会告别

人们常说，越长大越孤单。因为在成长过程中，越来越多曾经陪伴左右的人逐渐离去，而你还没有做好准备，一时间无法从熟悉的关爱中走出来。

每天，许多陌生人进入你的生活，成为朋友或爱人；每天，也有许多人离开，无法愉快理智地和他们说再见。习惯了这些人的存在，一旦少了再次相聚的机会，孤独感就会携风带雨地袭来。总有一些遗憾无法避免，学会告别，才能长大。

拥有的时候感觉不到可贵，失去了才感到珍惜，这是人之常情。那些远离我们的人，有的带走了美好的回忆，有的带走了曾经的友谊，有的是痛苦的分离，对当事人来说是沉重的心理打击。

恋人之间无法长长久久在一起，最后选择分手，那种撕心裂肺的疼痛令人难过。更难以适应的是一个人的日子，不习惯独处的时光。还有亲人离世，最亲近的人远去，从此阴阳两隔，有的人很长时间都无法释怀，甚至一辈子也无法走出阴影。对每个人来说，“学会告别”都是一门必修课，请认真学习。

丹尼与女朋友瑞秋青梅竹马，从小学到大学，他们度过了无数个难忘的日子。在家人的支持下，他们大学毕业后立刻步入了婚姻的殿堂。婚后日子是甜蜜的，一切都那么美好。然而，有些事情总是突发而至，超出了人们的想象。

一次外出旅行，瑞秋突然倒下，被送往医院检查，发现得了白血病。

这对丹尼来说，简直是晴天霹雳，整个人立刻崩溃了。他感觉上帝在嘲弄自己，可怜的妻子该是多么痛苦啊！

病情持续恶化，瑞秋的身体一日不如一日。于是，丹尼斯辞退了工作，一门心思照顾妻子。他心里很清楚，这样的日子不多了。瑞秋还是没能斗过病魔，最后永远离开了丹尼。

以后的日子里，丹尼像变了一个人，很少吃饭，很少睡觉，很少说话。他抱着妻子的衣服在家里走来走去，偶尔会喃喃自语，好像在和瑞秋聊天。父母看到儿子这个样子，非常担心。他们带儿子去看医生，但是儿子根本不配合治疗。

丹尼丢了工作，生活也乱套了。就这样，他混混沌沌地过了两年。除了精神萎靡不振，丹尼的身体也越来越差。在空荡荡的屋子里，他感到无比孤独、寂寞，总是以为瑞秋还在自己身边。

有一次，丹尼幻想瑞秋想吃芝士蛋糕，于是出门帮她买。结果，迎面一辆轿车飞驰而过，丹尼真的去天堂见瑞秋了。

这样的结局是瑞秋想要的吗？当然不是。没有一个人希望最亲的人不幸福。丹尼无法接受妻子染病离世的事实，终日沉浸在过去的回忆中，失去了正常人的思维、情感，简直活在地狱里。令人遗憾的是，他最后因为精神萎靡遭遇车祸，丢失了宝贵的生命。

人生怎么能没有遗憾？总有一些东西，超出了我们的掌控，如果不能接受、适应眼前的现实，整天沉浸在痛苦中，对任何人来说都是一种不负责任。

不可否认，人是一种群居动物，但是许多事情终将独自面对，没有人可以帮助你。面对爱人远去、亲人离世，悲伤之后选择面对新的一天吧！别在孤独中沉沦，别在彷徨中迷失，燃起心头那团火，未来的日子自有其精彩。

【顶级思维模式】

悲欢离合、生老病死是人生的常态。刚开始的一段日子，孤独与痛苦是必然的，学会说再见，看明白生活的真相，接受一些不可避免的事实，生命依然精彩。在每个人身上，有坚强、热情相伴，永远都不会孤单。

奥卡姆剃刀定律：把握关键，化繁为简

奥卡姆剃刀定律是14世纪由逻辑学家、圣方济各会修士奥卡姆的威廉提出的，即“简单有效原理”。他认为，人们所做的事情大部分都是无意义的，只有一小部分有意义的。所以，复杂的问题往往可通过最简单的方法解决，做事必须找到关键。

你是否常常为一个难以解决的复杂问题而忙得焦头烂额？不妨试着通过简单的方法去解决问题。

简单绝不是一个贬义词，简单思维是指以“简单”为核心的思维方式。从思维科学的角度来讲，它并不是一种低级的思维方式，而是一种特殊的思维方式，能够帮助人们化繁为简，提高办事效率，处理各种问题。

史蒂夫·乔布斯是“苹果”电脑的创始人之一。1985年，他获得了里根总统授予的国家级技术勋章，1997年成为《时代》周刊的封面人物，同年被评为最成功的管理者。2009年，被《财富》杂志评选为十年间美国最佳CEO，同年当选《时代》周刊年度风云人物。

乔布斯有一套自己的方法学，他热爱美丽的产品，尤其是硬件，但他永远是从使用者的角度着眼，他认为，最重要的决定不是决定做什么，

而是决定不做什么。

作为极简主义的信徒，乔布斯的房间里只有一张爱因斯坦的照片、一盏桌灯、一把椅子和一张床。但是，这仅有的几种东西都是经过他谨慎选择的。这种极简思维延伸到苹果产品上，表现为在设计上化繁为简，舍弃多余的元素。

后来，乔布斯被迫离开了打拼10年的苹果公司。

1997年7月，在连续5个季度亏损后，苹果公司董事会罢免了当时的CEO，乔布斯临危受命，对奄奄一息的苹果公司进行了大刀阔斧的改组。他砍掉没有起色的产品线以及新产品降价促销的措施，终于使苹果恢复了元气，重新成为世界的宠儿。

苹果的战略实际上很简单：只要聚焦于制造最好的产品，回报自然随之而来。于是，苹果的每件产品都卓尔不群。在苹果公司的会议上，乔布斯可以懒散地把鞋子脱掉，把脚架在桌子上来回晃动，但是在追求产品品质方面，他奉行简单的完美主义。

简单的解决办法，往往是最实用、最有效的。需要注意的是，乔布斯的“化繁为简”，不是乱砍一气，而是在对事物的规律有深刻认识之后的把握关键，化繁为简。

生活中，人们习惯于把事情想得过于复杂，以为所有事都朝着复杂的方向发展。实际上，复杂会造成浪费，而效能则来自于简单。因此，你需要重新审视自己所做的事情和所拥有的东西，学会把握关键，然后运用奥卡姆剃刀，舍弃不必要的内容。

【顶级思维模式】

“大乐必易，大礼必简。”世界的表现形式虽然复杂，但是解决问题的方法却是简单的。把握住关键，用简单的理念去处理、去化解。

请立刻停止致命的唠叨

在婚姻生活中，唠叨是致命的。假如婚姻中的女人拥有世上所有的美德，外貌也十分出众，却唯独喜欢唠叨，有一点小事就对丈夫喋喋不休，那么她所有的优点都将归于零。

女人之所以唠叨，本意可能是好的——希望丈夫可以更优秀，婚姻生活更幸福。可是，她们并不知道男人对唠叨持怎样的看法。

美国一位社会学家曾做过一个关于婚姻的调查，被采访的大多数男人都认为：在婚姻中最难以忍受的是女人的唠叨。

法国拿破仑三世被美丽、优雅的特巴女伯爵玛利亚·尤琴深深地迷住了，并想和她结婚。他的顾问提醒他说："尤琴的父亲只是西班牙一位并不显赫的伯爵，和您的地位根本就不相配。"

但是，这位君主并就不在意这些，只希望能拥有这位世界上最美丽的女人。就这样，他不顾全国人民的反对，与玛利亚·尤琴结婚了。

接下来，大家都以为拿破仑和尤琴会像童话里的王子公主一样过上幸福的生活。然而现实却恰恰相反，无论是拿破仑三世爱的力量，还是他的权力，都无法阻止尤琴的唠叨。她的心被嫉妒蛊惑，对任何事都猜疑。

尤琴总是认为，拿破仑三世在偷偷地接触其他女人，因此不给对方一点儿私人空间。有时候，拿破仑三世在办公室处理国家大事，她也会不顾一切地冲进去，然后任性地胡闹。有时候，拿破仑三世想一个人待一会儿，尤琴都不会允许。

虽然拥有十几处华丽的房子，但是这位皇帝却找不到一个安静的地方。此外，尤琴还经常到姐姐那里数落丈夫的不好，又哭又闹。

那么，尤琴得到了什么呢？莱哈特在《拿破仑三世与尤琴：一个帝国的悲喜剧》中这样写道："拿破仑三世常常在夜间从一处小侧门溜出去，头上的软帽盖着眼睛。在一位亲信陪同之下，他真的去找一位美丽女人，或者出去看看巴黎这个古城，在以往不常看到的街道中漫步，放松一下自己压抑的心情。"

毫无疑问，等待尤琴的一定是拿破仑三世对她的厌烦，最后这段婚姻也必将走向失败。这一切都是她自己亲手埋葬的，正是那无休止的唠叨毁灭了原本甜蜜的爱情。

有人曾说："在地狱中，魔鬼为了破坏爱情而发明的恶毒方法，唠叨是最厉害的。它永远不会失败，就像眼镜蛇的毒液一样，总是具有致命的毒性，常常使甜蜜的爱情破裂，甚至置人于死地。"

贝丝·韩博格在纽约市家务关系法庭任职11年，审判了好几千件离婚案。她说，男人离开家庭的主要原因之一是太太唠叨不停。

为了让自己拥有一份甜蜜的爱情，为了保住幸福的家庭，请一定要管好自己的嘴巴，谨记祸从口出。如若不然，你可能也会像《泰晤士邮报》说的那样："不停地自掘婚姻的坟墓。"

【顶级思维模式】

婚姻就是男女双方的互相妥协，何不大度一些，以尊重对方，让对方感到舒服的方式表达内心的爱呢？只有这样，夫妻关系才能变得更融洽，家庭才更幸福。